Subhrajit Roy

Análise de várias estruturas DCVSL e implementação de um somador completo

Subhrajit Roy

Análise de várias estruturas DCVSL e implementação de um somador completo

A comparative study

ScienciaScripts

Imprint

Cover image: www.ingimage.com

This book is a translation from the original published under ISBN 978-620-2-05626-7.

Publisher:
Sciencia Scripts
is a trademark of
Dodo Books Indian Ocean Ltd. and OmniScriptum S.R.L publishing group

120 High Road, East Finchley, London, N2 9ED, United Kingdom
Str. Armeneasca 28/1, office 1, Chisinau MD-2012, Republic of Moldova, Europe
Printed at: see last page
ISBN: 978-620-7-94323-4

Índice:

Reconhecimento

Antes de mais, gostaria de expressar o meu mais sincero agradecimento ao meu orientador de projeto, **Prof. Munshi Nurul Islam**, pela sua orientação e enorme apoio ao longo deste projeto. Os seus conhecimentos e experiência foram muito úteis para este trabalho de investigação. As discussões regulares com ele e as suas ideias para abordar cada problema de uma forma diferente foram extremamente úteis. Sem a sua ajuda, esta dissertação não teria sido possível.

Em seguida, gostaria de agradecer ao **Prof. K. K. Mahapatra**, ao **Prof. P. K. Tiwari**, ao **Prof. D. P. Acharya** e **ao Prof. A. K. Swain** pelos seus ensinamentos atenciosos e sugestões durante o meu curso de M.Tech e por disponibilizarem todas as instalações e infra-estruturas necessárias para os estudos.

Em seguida, gostaria de exprimir os meus agradecimentos a todos os doutorandos e investigadores que prontamente me ajudaram nos momentos de necessidade e atenderam aos meus numerosos pedidos sem qualquer problema de apoio técnico.

Gostaria também de agradecer a todos os outros membros do corpo docente e não docente do Departamento de ECE por me terem ajudado direta ou indiretamente na realização deste projeto.

Longe de casa, numa terra distante, as pessoas que apoiam e encorajam constantemente uma pessoa são os seus amigos. Estou muito grato aos meus amigos, aqui no NIT Rourkela. Para além do ensino regular ministrado pelos meus professores, aprendi muitas coisas com os meus amigos. Gostaria de exprimir a minha gratidão a todos eles por terem feito destes dois anos uma viagem fantástica.

Por último, devo a minha mais sincera gratidão às pessoas mais importantes da minha vida, ou seja, os meus pais e o meu irmão mais velho, pelo seu apoio incondicional, amor, inspiração e sacrifícios. Foram sempre uma fonte de inspiração ao longo da minha vida. As discussões com eles, especialmente com o meu irmão, ajudaram-me em muitos momentos de provação. Gostaria de lhes agradecer do fundo do coração.

SUBHRAJIT ROY

Dedicado a
Os meus pais, o meu irmão
e
Todos os meus queridos amigos

Resumo

A lógica de comutação de tensão em cascata diferencial (DCVSL) é uma técnica de circuito CMOS que apresenta vantagens potenciais em relação à lógica NAND/NOR convencional em termos de dissipação de energia, atraso do circuito, densidade de disposição e flexibilidade lógica. Neste documento, é apresentada uma comparação pormenorizada de todas as estruturas DCVSL, incluindo a implementação do circuito Full Adder com a ajuda dessas estruturas DCVSL, que inclui a DCVSL estática, a DCVSL dinâmica e a DCVSL modificada. A análise de desempenho é efectuada na tecnologia CMOS de 90nm da Cadence Virtuoso.
O funcionamento destas estruturas DCVSL baseia-se no conceito de "Multiplexer". Um multiplexador, também conhecido por "mux", é um dispositivo que selecciona um determinado número de sinais de entrada. Trata-se basicamente de um circuito lógico combinacional. O multiplexador é um dispositivo unidirecional, que é utilizado em aplicações em que os dados têm de ser transferidos de várias fontes para um destino.
A análise de todas estas estruturas DCVSL é seguida da implementação do somador completo. Os somadores são os blocos de construção dos sistemas informáticos. Os sistemas informáticos digitais utilizam amplamente operações aritméticas. A adição é uma operação aritmética necessária, que é também a raiz de uma operação aritmética como a multiplicação. Do mesmo modo, adicionando outra porta XOR, a célula somadora básica pode ser modificada para funcionar como subtrator, que pode ser utilizado para a divisão. Por conseguinte, a célula somadora de 1 bit é o bloco final e simples de uma unidade aritmética de um sistema. Assim, a célula de 1 bit Full Adder deve ser melhorada para melhorar o desempenho dos circuitos digitais. Em VLSI, existe sempre um compromisso entre a velocidade e a dissipação de energia. Se um parâmetro é melhorado, o outro é degradado. Por conseguinte, é introduzido o parâmetro "produto do atraso da potência".
Assim, para atingir velocidades, metodologias de design híbrido-DCVSL de alta dirigibilidade são usadas para construir células somadoras neste trabalho. As portas DCVSL produzem saídas complementares e verdadeiras usando uma arquitetura de porta única. E, os multiplicadores no projeto são baseados na lógica do transistor de passagem (PTL), porque estes ocupam menos área de chip por componente e também são simples de construir.
Os parâmetros comparados são a dissipação de potência, o tempo de atraso de propagação, o produto do atraso de potência, o número de transístores e a dissipação de potência (média). A estrutura DCVSL estática produz o melhor resultado em termos de dissipação de potência, atraso e produto de atraso de potência. Por outro lado, no caso do circuito somador, o consumo de energia é melhor para o somador DCVSL dinâmico, juntamente com o atraso e o produto do atraso de energia para a soma de saída; mas para a saída Cout, a melhor opção é o somador DCVSL estático, uma vez que o atraso e o produto do atraso de energia são menores neste caso.

Capítulo 1
INTRODUÇÃO
(1.1) Visão geral do tópico

Uma comparação entre a lógica de comutação de tensão em cascata diferencial (DCVSL) e a lógica NAND/NOR tradicional revelou que a primeira tem várias vantagens sobre a segunda em termos de flexibilidade lógica [1], número de dispositivos, área de disposição, dissipação de energia e atraso do circuito. É necessário um menor número de transístores, tanto do tipo p como do tipo n, do que a lógica NAND/NOR [1]. Também oferece vantagens como a eliminação de falhas dinâmicas e de "stuck-at" devido à sua propriedade de auto-teste [2]. Um circuito de alavancagem é um exemplo perfeito onde uma única porta CVS é obtida a partir de numerosos estágios de atraso [3]. O circuito CVS tem uma altura de pilha maior, mas também tem certas vantagens, como uma área de chip menor, menor dissipação de energia e menor atraso do circuito, o que é conseguido devido à diminuição da quantidade de estágios. A vantagem da flexibilidade lógica é conseguida em situações em que, na lógica CMOS da Domino, são implementadas funções complexas. Como a lógica dominó padrão não pode implementar funções com portas lógicas inversoras, é utilizada a lógica DCVS com clock, que supera essa restrição fornecendo saídas complementares [1]. As várias vantagens da lógica DCVS sobre a lógica CMOS NAND/NOR padrão podem ser descritas como

> Os circuitos com grande complexidade e portas fan-in podem ser implementados, uma vez que podem ser feitos com um menor número de transístores. Para circuitos definidos com portas complexas de grandes dimensões, as famílias de lógica DCVS com relógio têm um atraso de propagação muito baixo, uma vez que podem integrar uma única porta complexa de ambas as partes, sequencial e combinatória. Por conseguinte, para VLSI de alta velocidade, este estilo lógico é adequado.

> Na lógica DCVS, a resposta mais rápida é obtida através da redução das capacitâncias parasitas na saída, uma vez que não existe uma rede pull-up complementar. Por isso, tem a vantagem da velocidade sobre o circuito dominó e também elimina o consumo de energia estática.

> A tensão de saída oscila de rail para rail e não fornece o caminho de corrente direta entre V_{DD} e a terra em estados estáveis.

> Na lógica DCVS, a conclusão da avaliação da porta é fácil de detetar, uma vez que são formadas saídas verdadeiras e complementares. Por este motivo, a lógica DCVS é a escolha adequada para a implementação de circuitos com temporização automática.

> Devido às suas saídas verdadeiras e complementares, o desempenho é ainda melhorado pela eliminação do estágio de inversão [4].

> Enquanto a lógica dominó padrão não pode implementar portas lógicas inversoras, o estilo lógico DCVSL pode implementar tanto o estilo lógico inversor como o não inversor [1].

> O circuito DCVSL também poupa área ao partilhar os transístores comuns na rede lógica para ambas as saídas quando é concebida uma porta lógica complexa.

Estas vantagens indicam que a lógica DCVS constitui uma nova dimensão na conceção da lógica CMOS. No entanto, a par destas vantagens, existem algumas desvantagens, como a elevada potência, juntamente com a área e a complexidade adicionais devidas ao facto de as redes lógicas duplas terem sinais complementares, o que constitui um obstáculo definitivo à sua aceitação como lógica de conceção. O consumo de energia na porta DCVS inclui a comutação das saídas e a comutação nos nós internos da porta. Com a complexidade da porta, o número de nós internos comutados na árvore de avaliação NMOS aumenta. A comutação nos nós internos é o fator dominante da potência total da porta.

A **técnica algébrica** é utilizada para a conceção de árvores DCVS, que é o último procedimento existente e também se baseia na identificação de subexpressões que são comuns a duas ou várias funções booleanas [5]. Também tem a técnica de decomposição e factorização, que é bastante matemática, pelo que este método não é adequado para os projectistas de circuitos integrados, uma vez que não permite conhecer o comportamento do circuito. Para além da técnica algébrica, existem duas outras técnicas que são mais práticas e muito mais simples para construir árvores DCVS.

> O **Método do Mapa de Karnaugh (K-Map)** - Aqui, é utilizada a natureza pictórica. Este método de processamento manual é bastante eficiente na realização de circuitos com baixo número de dispositivos e é implementado com funções com cinco ou seis variáveis. Para além das variáveis especificadas, a complexidade dos mapas K aumenta.

> O **método de Quine-McCluskey** - É uniforme e, portanto, processual para complexidades até ao número n de variáveis e tem um carácter tabular [6].

As características interessantes da lógica DCVS fazem dela uma técnica de circuito CMOS muito promissora. Para investigar esta possibilidade, analisámos vários tipos de lógica DCVS, nomeadamente

> **DCVSL estático.**
> **DCVSL dinâmico.**
> **DCVSL modificado.**

Além disso, também implementámos estas várias lógicas DCVS no circuito Full Adder, uma vez que o full adder é um bloco de construção comum, mas razoavelmente complexo, em circuitos e projectos digitais. O trabalho é efectuado na tecnologia CADENCE VIRTUOSO 90nm para avaliar os parâmetros de desempenho de dissipação de potência, atraso, área, velocidade e produto de atraso de potência. A área é representada a partir do layout desenhado no cadence. A velocidade é reflectida através do tempo de propagação no pior caso.

(1.(2) Revisão da literatura

Quando os pares diferenciais de dispositivos MOSFET são transformados em cascata em redes de árvores lógicas combinacionais fortes, é possível obter uma vantagem de conceção em CVSL que se situa dentro de um único atraso de circuito e é capaz de implementar uma lógica booleana complexa. Quando existe uma função booleana que pode ter variáveis de entrada até (2^{N} -1), está a ser processada com uma cascata N-alta de pares diferenciais de dispositivos NMOS. A CVSL oferece uma vantagem de desempenho de até 4X em comparação com as famílias lógicas NAND/NOR CMOS padrão, mantendo as características de baixa potência esperadas dos circuitos CMOS. A lógica NAND/NOR primitiva e a CVSL são ambas potencialmente densas e adaptam-se bem às ferramentas de automatização de projectos anteriores. Utilizando dispositivos NMOS de elevado desempenho em cascata, são concebidas árvores lógicas de natureza compatível e os dispositivos P mosfet desempilhados são utilizados como dispositivos de pull-up nos circuitos de carga e de tampão. Por conseguinte, os dispositivos P mosfet podem ser optimizados e, consequentemente, o espaçamento crítico entre os dispositivos P e N é reduzido, libertando a carga da complexidade dos dispositivos para os projectos CVSL. O CMOS é amplamente utilizado no fabrico de circuitos lógicos, mas também o DCVSL tem as suas próprias características, tais como a ausência de potência estática, maior velocidade [7], uma vez que produz saídas complementares devido à lógica de carril duplo e é muito eficiente na conceção de circuitos de somador completo [8]. Heller et.al apresentaram o DCVSL [1] e, em seguida, Chu et.al compararam o circuito Full Adder convencional e o DCVS Logic [9], [10]. O Full Adder é considerado um bloco de construção vital para circuitos como somadores e multiplicadores, pelo que a redução do atraso melhoraria os circuitos em termos de velocidade [7]. Nos circuitos integrados de muito grande escala, abandonando o efeito de declive do sinal, obtém-se um valor semelhante de capacitância para os transístores ascendentes e descendentes com uma capacitância de porta uniforme e uma taxa de capacitância de difusão/unidade de largura e assumindo um rácio uniforme de tamanho P para N para várias portas lógicas; é feita a modelação do atraso para circuitos convencionais. Além disso, a lei da potência a de Shockley é utilizada para calcular a corrente do transístor MOS, em que a é um valor entre 1 e 2 e é designado por índice de saturação da velocidade [7]. Existe um modelo adicional preciso para transístores MOS proposto em [11] por Shams com o mesmo nível de complexidade. O atraso de propagação de estilos lógicos convencionais e não convencionais, como DCVSL, CPL e PTL, pode ser modelado e projetado de forma precisa e exaustiva utilizando a relação de corrente indicada, supondo valores de capacitância não semelhantes para os transístores ascendentes e descendentes [11], [12] e também o efeito de declive do sinal. Isto ajuda-nos a otimizar os circuitos CMOS que são de estilos mistos de lógica. A Figura 1 mostra a estrutura de um circuito DCVS que consiste numa carga com formação push-pull e também num par de árvores de decisão binárias interligadas.

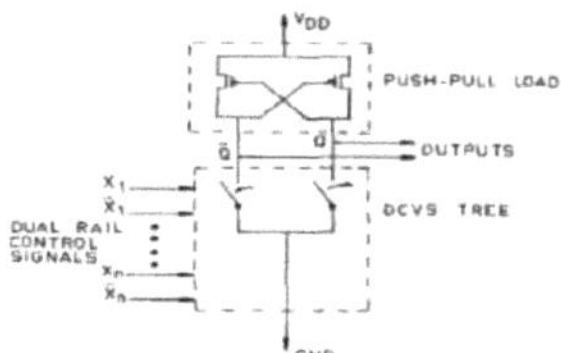

Figura 1 - A estrutura de um circuito DCVS

(1.(3) Resumo da tese

O Capítulo 1 introduz o tema, discute a importância das estruturas DCVSL, a sua evolução, o seu significado no passado, as suas vantagens e desvantagens. Dá também uma ideia da sua descoberta, tal como mencionado

na parte da revisão da literatura.
O capítulo 2 começa com os pormenores da lógica de comutação de tensão em cascata diferencial (DCVSL), mostrando a estrutura básica do circuito DCVS. Além disso, são definidos três tipos diferentes de estruturas DCVSL, nomeadamente DCVSL estática, DCVSL dinâmica e DCVSL modificada.
O capítulo 3g dá uma ideia das técnicas de circuito através das quais se podem medir os vários parâmetros das estruturas DCVSL. Neste capítulo, são explicados três tipos de técnicas de circuitos - o método algébrico, o método K-map e o método tabular -, dos quais apenas o método algébrico é utilizado recentemente.
O Capítulo 4 dá uma ideia dos esquemas de teste dos circuitos DCVSL.
O capítulo 5 apresenta o estudo pormenorizado de cada uma destas estruturas DCVSL, com parâmetros como o consumo de energia, a temperatura, o atraso, o PDP e o número de transístores. Estas análises determinam a melhor estrutura DCVSL entre as três.
O Capítulo 6 utiliza as três estruturas DCVSL para implementar os circuitos somadores com cada uma delas. É efectuada uma análise de desempenho com os mesmos parâmetros utilizados no capítulo anterior e ajuda a determinar a melhor estrutura DCVSL para o circuito somador, de acordo com o produto de atraso de potência.
Capítulo 7 Este capítulo conclui o trabalho global efectuado nesta tese, generalizando a melhor estrutura DCVSL, quer seja a própria estrutura ou a implementação do circuito somador com ela. Este capítulo encerra o trabalho de tese.

Capítulo 2

DETALHES sobre a **LÓGICA DE COMUTAÇÃO DE TENSÃO DE CÓDIGO DE CASO DIFERENCIAL**

(2.(1) Introdução

Com o avanço da tecnologia CMOS, há um novo interesse na conceção de unidades funcionais simples para sistemas digitais. Os circuitos integrados são amplamente utilizados na eletrónica de consumo, nas telecomunicações e na computação de alto desempenho. O objetivo é continuar com a conceção de sistemas e VLSI eficientes do ponto de vista energético. Os circuitos CMOS são normalmente utilizados pelos circuitos integrados digitais como blocos de construção. O consumo de energia é uma das principais preocupações em VLSI com o aumento da densidade das pastilhas e da frequência de funcionamento, juntamente com a correspondente diminuição da dimensão das características. A principal desvantagem dos sistemas portáteis é a dissipação excessiva de energia, que não só reduz o tempo de vida das pastilhas devido ao sobreaquecimento, como também prejudica o desempenho [13], [14]. Os sistemas portáteis com baixo consumo de energia têm conduzido a desenvolvimentos avançados na conceção de VLSI de baixo consumo nos anos actuais. As forças motrizes que são essenciais para os dispositivos portáteis são o baixo consumo de energia e o elevado rendimento devido à sua maior complexidade, à pequena área do chip, à grande densidade de componentes e às altas frequências. Uma lógica DCVS baseia-se num multiplexer 2:1 que é utilizado como elemento importante em muitos projectos de circuitos, como a implementação de circuitos de memória e FPGA. É útil em situações em que o preço é um fator e para modularidade. Um multiplexer 2:1 é considerado o elemento básico da "lógica de comutação". A "lógica de comutação" propõe basicamente que os circuitos lógicos sejam implementados não como portas lógicas mas como combinações de comutadores. Os multiplexers são utilizados para criar uma única linha a partir de dois ou mais sinais digitais, ligando-os em alturas diferentes. Isto é basicamente conhecido como multiplexagem por divisão do tempo. Os multiplexers são utilizados como dispositivos lógicos programáveis, por exemplo, em vídeo digital, redes de computadores e telecomunicações. Também são utilizados na construção de semicondutores digitais, como em controladores gráficos e em CPUs. Os multiplexers baseiam-se na lógica de transístores de passagem (PTL), em que os transístores são utilizados como comutadores controlados por tensão para implementar a lógica. A lógica é bidirecional e não há dissipação de energia estática nas portas PTL. No entanto, o PTL sofre degradação da sua lógica na saída por uma quantidade de tensão de limiar (V_{th}). A figura 2 mostra o esquema da estrutura DCVSL, que é bastante geral, juntamente com o acionamento correspondente e também com a carga e, em seguida, a saída e a sua saída complementar da porta em ambos os lados.

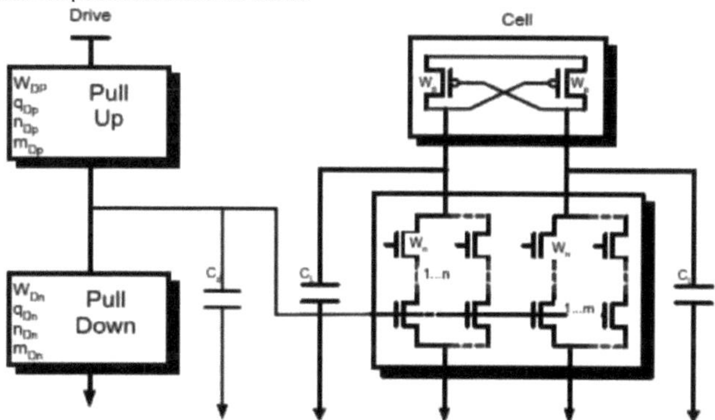

Figura 2 - Estrutura da DCVSL

Assim, podemos ver que, de acordo com a uniformidade, as cargas obtidas a partir do resultado são equivalentes às capacitâncias agrupadas, incluindo as capacitâncias de fan-out e inter-relacionadas. O atraso de subida e o atraso de descida entre a entrada do conversor e a saída da célula são apresentados em [11].

$$De' = (1 + Sf'_n)De'_D + (1 + Sf'_p)De'_C + De'_C \ldots\ldots..(1)$$

$$De' = (1 + Sf'_n)De'_D + De'_C \ldots\ldots..(2)$$

onde Deo - atraso do passo do condutor, Dec - atraso do passo da célula, '\' e '/' - transístores em subida e descida. SfN e Sfp são os factores de declive de N e P e o seu cálculo é feito pela relação de Sakurais [15], em que VTH é a tensão de limiar do transístor, DeT é o atraso da rampa; T é o tempo de subida/descida da entrada e a é o índice de saturação da velocidade.

$$Sf = 2\left(\frac{1}{2} - \frac{1 - \frac{V_{TH}}{V_{DD}}}{1+\alpha}\right) \ldots\ldots..(3)$$

$$\alpha = \frac{\left(1 - \frac{V_{TH}}{V_{in}}\right)}{\left(\frac{1}{2} - \frac{1 - De_T}{\tau}\right)} \ldots\ldots..(4)$$

Nas portas DCVSL, a saída em queda produz a saída em subida, pelo que o atraso em subida representa sempre o pior caso de atraso. O cálculo do atraso de subida do circuito pode ser obtido utilizando o cenário acima e é mostrado na equação [11]:

$$\dot{D}e = \left(1 + Sf_{T_n}\right)De_D + \left(1 + Sf_{T_p}\right)Dec + De_C \ldots\ldots..(5)$$

$$Sf_{T_n} = \frac{Sf_n\, DM_n\left(\upsilon_n\, Y_n\right)}{DM_n\left(\upsilon_n\, Y_n\right) - DM_p\, \upsilon_p} \ldots\ldots..(6)$$

$$De_D = \frac{\upsilon_p}{DM_{D_p}} Y_{D_p}\left(m\, g_n\, DM_n + C_D\right) \ldots\ldots..(7)$$

$$De_C = \frac{\upsilon_p\, \upsilon_n\, Y_n}{DM_n\, \upsilon_n - 0.5 DM_p\, \upsilon_n\, Y_n} \times \left[\left(gc_p + dc_p\right)DM_p + q\, d_n\, DM_n + C_L\right] \ldots\ldots..(8)$$

$$De_C = \frac{\upsilon_p}{DM_p}\left[\left(gc_p + dc_p\right)DM_p + q\, dc_p\, DM_n + C_L\right] \ldots\ldots..(9)$$

"

onde gc_p e dc_p são representados como capacitância de porta e de difusão/unidade de comprimento no estágio de saída ascendente.

Resolvendo $\frac{\partial D'}{\partial W_p} = \frac{\partial D'}{\partial W_n} = 0$ obtém-se o seguinte conjunto de equações para o DMp e DMn óptimos para o atraso
minimização [11], [12]:

$$DM_n' = \sqrt{A\frac{\left(1 + Sf_p'\right)\left[C_L' + DM_p\left(dc_p' + gc_p'\right) + 0.5ADM_p d_n'\right]}{\left(1 + Sf_n'\right)Y_{D_p}' mg_n' / DM_{D_p} + qd_n' / DM_p}} + \frac{1}{2}ADM_p \ldots\ldots..(10)$$

$$\frac{1}{\Gamma'} = \frac{DM_n'}{DM_p'} = \sqrt{\left(1 + Sf_p'\right)\left[\frac{1}{2}A^2\frac{C_L' + qDM_n d_n'}{C_L' + qDM_n d_n'} + A\frac{W_n\left(dc_p' + gc_p'\right)}{C_L' + qDM_n d_n'}\right]} + \frac{1}{2}A \ldots\ldots..(11)$$

em que r é utilizado para minimizar o atraso de subida, uma vez que é a melhor relação de largura entre P e N da estrutura MOS, S é o fator de declive, Y é o fator de degradação do atraso, CL é a capacitância total de saída/unidade de comprimento, g é a capacitância da porta/unidade de comprimento e d é a capacitância de difusão/unidade de comprimento. $A = n / \sqrt{\mu_n / \mu_p}$. Com o aumento de n,
a rede pull-down torna-se mais fraca e a teoria da otimização do atraso para o estilo lógico convencional não é diretamente aplicável às portas DCVSL [7], [11].

(2.(2) Circuito DCVSL básico

O circuito DCVSL é ilustrado na Figura 3.

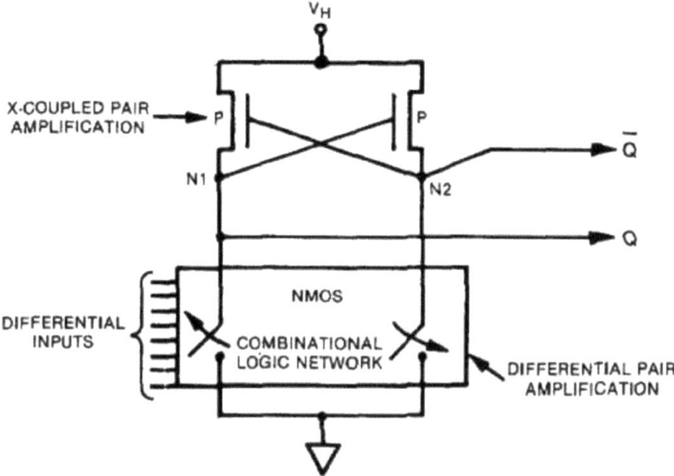

Figura 3 - Circuito básico DCVSL

O nó N1 ou o nó N2 é puxado para baixo pela rede de árvore lógica combinacional NMOS que depende das entradas diferenciais. O trinco PMOS é definido para as saídas estáticas Q, Qbar dos níveis lógicos diferenciais completos V_H e terra por acções regenerativas. Após o ajuste do trinco, as árvores lógicas são cortadas da corrente direta. A carga da capacitância da porta de entrada é 3 vezes menor do que a dos circuitos CMOS, o que exige a ativação de dispositivos complementares de canal N e canal P, uma vez que os dispositivos da árvore NMOS são activados apenas pelas entradas. Utilizando os algoritmos de minimização lógica existentes [5], as redes de árvores lógicas são projectadas espontaneamente. Um exemplo de circuito DCVSL, com 12 dispositivos, é mostrado na Figura 4. A versão diferencial tem seis dispositivos de canal P menos grandes e também a capacitância de entrada é pequena em número.

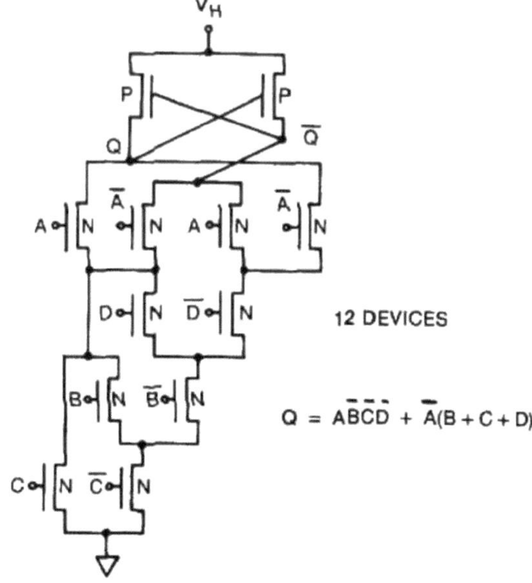

Figura 4 - Implementação CVSL de Q

O poder funcional das árvores lógicas diferenciais reduz a redundância de dispositivos. Utilizando a mesma função booleana em portas NAND CMOS simples, são necessárias 5 portas NAND e 28 dispositivos, sem ter inversores adicionais para as saídas complementares, como mostra a Figura 5.

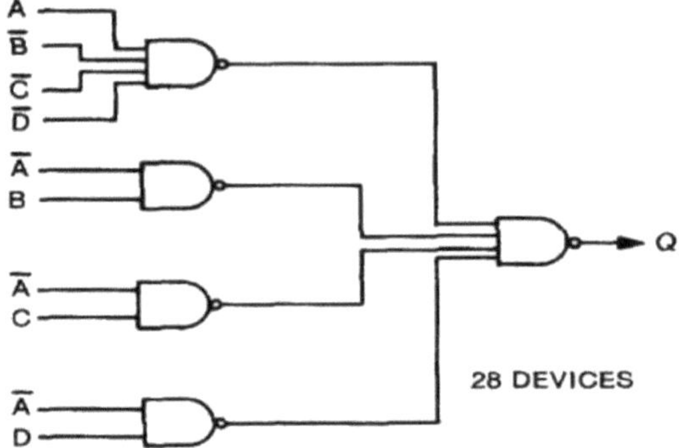

Figura 5 - Implementação CMOS NAND de Q

O número de atrasos do circuito é reduzido na CVSL em comparação com a lógica primitiva, o que melhora o desempenho do circuito. A função booleana Q também pode ser concebida num circuito totalmente CMOS em cascata com 16 dispositivos.

Existe uma limitação ao desempenho do circuito da Figura 3, que é considerada como o tempo de ajuste para o trinco P mosfet. Por conseguinte, é proposto um circuito CVSL com relógio de alto desempenho, que é apresentado na Figura 6.

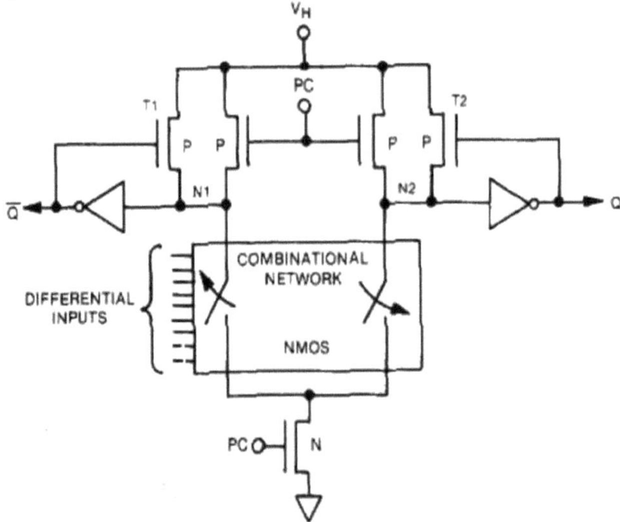

Figura 6 - CVSL com relógio

Quando o pulso de clock é baixo, as saídas Q & Qbar são pré-carregadas em nível baixo e assim que o PC vai para nível alto, os dados são gerados em modo dominó [16]. Os nós internos N1 e N2 são colocados estaticamente altos antes da comutação dentro da árvore lógica pelos dispositivos de realimentação T1 e T2. Os dispositivos de realimentação melhoram a margem de ruído com apenas um pequeno prejuízo no desempenho e também reduzem o ruído de partilha de carga dentro da árvore. O nó N1 ou o nó N2 é puxado para baixo durante a comutação e o dispositivo T1 ou o dispositivo T2 é desligado. E após a comutação, não há fluxo direto de corrente. O circuito DCVSL com relógio é inerentemente uma vantagem clara sobre as outras famílias lógicas parciais do tipo dominó devido à função de inversão lógica. Todas as funções lógicas podem ser executadas, incluindo o XOR. A Figura 7 apresenta um XOR de 4 vias com relógio.

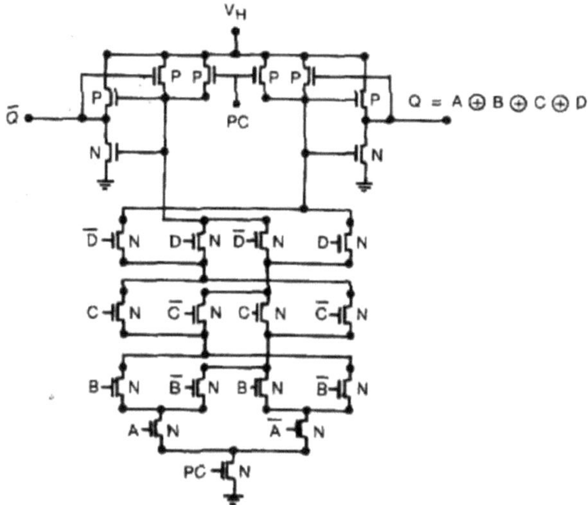

Figura 7 - XOR de 4 vias CVSL com relógio

(2.(3) Diferentes tipos de estruturas DCVSL

Neste documento, explicámos três tipos de estruturas DCVSL -

> **DCVSL estático** - É, de facto, uma versão estática da lógica de comutação de tensão em cascata diferencial (DCVSL) e é apresentado na Figura 8.

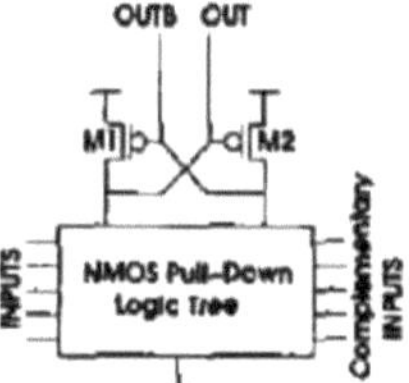

Figura 8 - DCVSL estático

De acordo com a figura acima, os nós OUT e OUTB são puxados para cima ou para baixo de acordo com a comutação das entradas. A versão estática do DCVSL transita lentamente e consome muita corrente, pois durante o período de comutação, os pull-ups PMOS combatem as árvores pull-down NMOS. É o estilo diferencial de lógica em que as entradas verdadeiras e complementares da porta fornecem as saídas complementares. Esta estrutura não consome energia estática (como o CMOS padrão) e utiliza o latch para calcular a saída rapidamente [14], [17], [18]. Neste estilo lógico, grandes PFETS são eliminados de cada função lógica. Permite portas complexas, não necessita de inversor no seu percurso lógico e consome pouca energia. Uma função lógica e o seu complemento são inevitavelmente realizados [18], [19]. A saída complementar é gerada pela rede pull-down que é implementada pela árvore lógica NMOS. Por conseguinte, pode ser dividido em duas partes básicas - um circuito de encravamento diferencial e uma matriz lógica complementar em cascata [1], [20], [21], [22], [23].

> **DCVSL dinâmica** - Foram também introduzidas várias versões com relógio da porta DCVSL para aumentar o desempenho e reduzir o consumo de energia. A Figura 9 mostra que

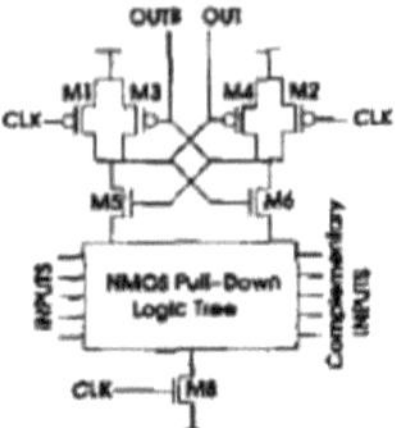

Figura 9 - DCVSL dinâmico

Os transístores pull-up PMOS estão ligados por duas estruturas de comutação NMOS complementares. Ao colocar o relógio num nível baixo, OUT e OUTB são pré-carregados primeiro. A árvore lógica NMOS determina a saída verdadeira e a sua saída complementar, assim que o relógio for elevado e qualquer um dos lados for puxado para baixo, dependendo dos sinais de entrada. A porta comuta quando a realimentação positiva é aplicada aos pull-ups PMOS (M3 e M4). Com os circuitos de aceleração adicionais (M5 e M6), o desempenho da porta dinâmica DCVSL é melhorado. Eis alguns exemplos apresentados na Figura 10.

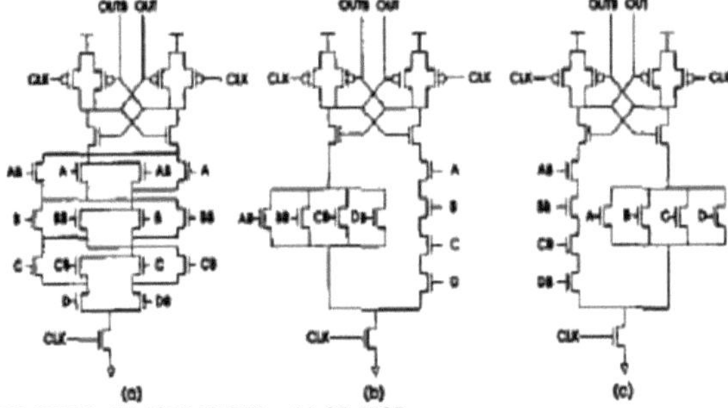

Figura 10 - (a) XOR-XNOR, (b) AND-NAND, e (c) OR-NOR

> **DCVSL modificado** - O DCVSL modificado não é mais do que o DCVSL estático, mas com transístores NMOS extra adicionados na parte de pull up.

Capítulo 3
TÉCNICAS DE CIRCUITO para DCVSL
(3.(1) Introdução

A técnica algébrica é o único método predominante para a conceção de árvores DCVS, que é construída com base em subexpressões mútuas de várias funções booleanas, em número igual ou superior a dois [5]. Nesta abordagem, está envolvida a técnica de decomposição e factorização, que é bastante matemática. Por conseguinte, este método não fornece os pormenores do comportamento do circuito, o que é importante para os projectistas de circuitos integrados. Existem outras duas técnicas que são simples e também muito práticas do que a algébrica, quando se pretende construir árvores DCVS. O primeiro procedimento é o mapa de Karnaugh, que apresenta um carácter pictórico. Trata-se de um método de processamento manual e é uma abordagem bem organizada para a realização de circuitos com baixo número de dispositivos, com funções com cinco a seis variáveis. Além disso, se as variáveis aumentarem para mais de cinco, a complexidade do mapa K aumenta subitamente. É aqui que entra o segundo procedimento, que substitui o primeiro, devido à vantagem de ter uma complexidade uniforme para as variáveis em termos de n números. Assim, o método é o método de Quine-McCluskey, que é também uma versão modificada e de natureza tabular [6]. Não existe uma correspondência única e unívoca entre uma estrutura em árvore DCVS e uma expressão booleana [24]. Por conseguinte, para realizar uma operação lógica específica, podem ser construídas várias estruturas em árvore utilizando os procedimentos de conceção acima referidos. Pode ser aceitável reorganizar várias variáveis de entrada para uma determinada estrutura.

Por conseguinte, para a construção de funções booleanas de quaisquer números, é certamente necessária a ajuda de tabelas de verdade que também devem ser exactas. As estruturas DCVS podem ser implementadas com os dois procedimentos de conceção aqui mencionados.

(3.(2) Diferentes técnicas

> **Design by Intuition** - Circuitos DCVS constituídos por um par de árvores de decisão binárias interrelacionadas e uma carga push-pull. É apresentado na Figura 11.

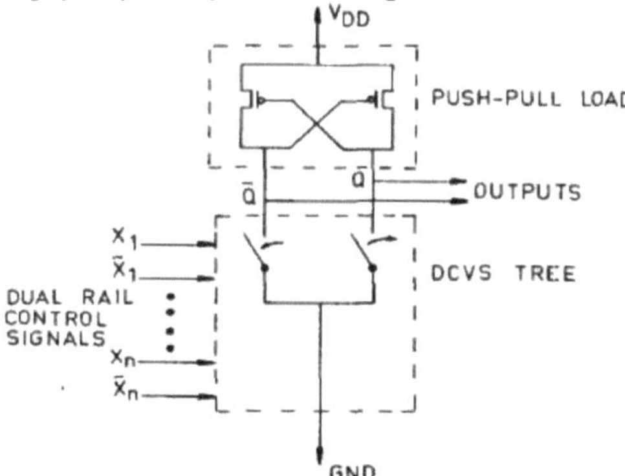

Figura 11 - Estrutura da DCVSL

A árvore DCVS é concebida da seguinte forma -

S O nó T e o nó T' (considerado T no caso de Q) são desligados e associados à terra, respetivamente, através de um caminho condutor único sobre as árvores, quando o vetor de entrada a = (ai , a2 ,...., an) {em vez de x, considera-se a} é o vetor que tem a natureza verdadeira da função de comutação Q(a).

S O inverso obtém-se quando a = (ai, a2,..., an) é o vetor de natureza falsa de Q(a).

Um exemplo é apresentado na Figura 12.

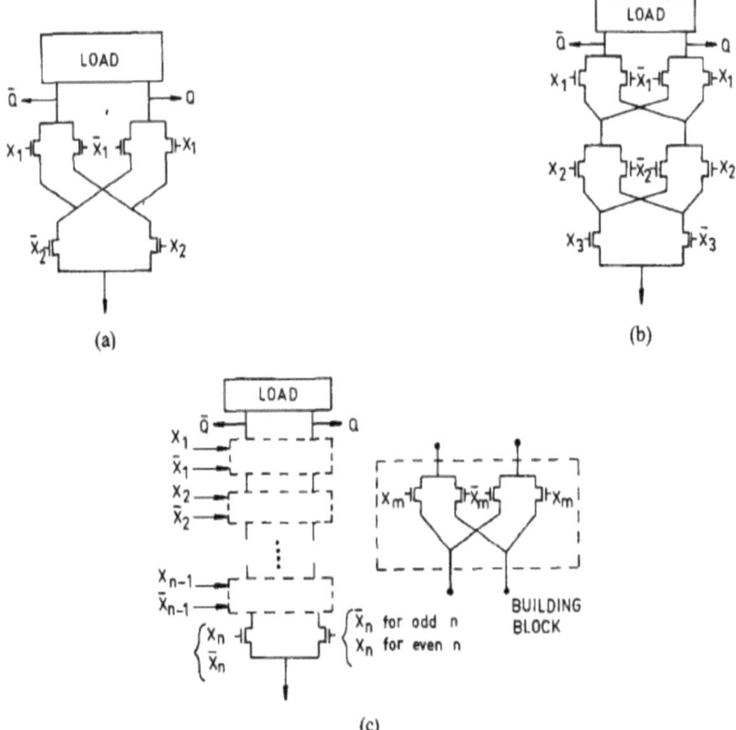

Figura 12 - Circuitos XOR DCVS - portas de diferentes formas

Analisando todas as combinações prováveis dos caminhos de entrada, a funcionalidade deste circuito pode ser facilmente verificada. Depois, também podemos verificar o circuito observando o conjunto de trajectórias únicas dos nós T e T' para a terra. Para o nó T, a expressão T'(a) = *a1 a*\ + *a1 a*₂ e para o nó T', a expressão

T(a)= *a1 a*₂ + *a1 a*₂ .

Para funções booleanas de natureza recursiva, a árvore DCVS pode por vezes ser criada sem esforço pela perceção. Por exemplo, uma árvore XOR de 3 vias (Figura 12(b)) pode ser implementada substituindo o par a_2 ,a_2 na (Figura 12(a)) por uma árvore XOR alternativa de 2 vias. A árvore XOR de n vias é mostrada na Figura 12(c), que tem uma altura de empilhamento igual a n.

As funções booleanas com carácter recursivo também podem ser apresentadas num circuito de transporte [25]. Dada a expressão recursiva -

clan⁻ sn + tnclan -1 (para n = 1, 2, *3,--:),*

um circuito com clan e cla_n (considerados em vez de cn e c_n) como saídas, com vetor de entrada igual a *s,sn,....,s* 1,s1,*tn*,*tn*,....,11,11,cla0,cla0) {considerado em vez de (*gn*,*g'''*,....,*g* 1,*g* 1,*Pn*,*p'''*,....,*p1*,p1,c0,c0)}. Em primeiro lugar, a função *cla* 1 - *S1* +*11 cla* 0 é realizada como o circuito da Figura 13(a), e é o circuito básico para a recursão. A estrutura geral para o clã com altura de empilhamento igual a 2n+1 é mostrada na Figura 13(b).

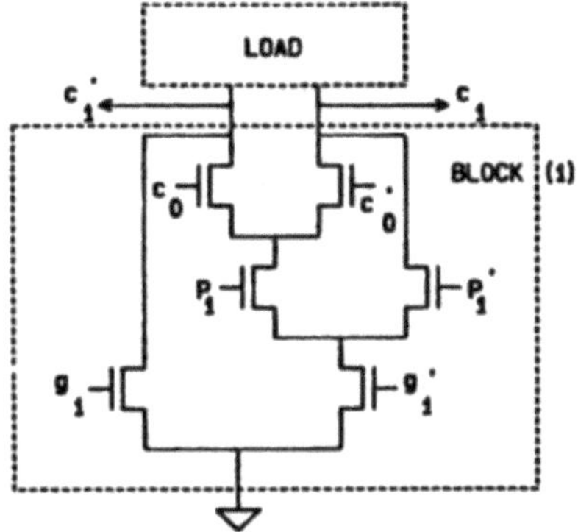

Figura 13(a) - Função *cla* 1 - 5 1 +*t1 cla0* para o circuito DCVS

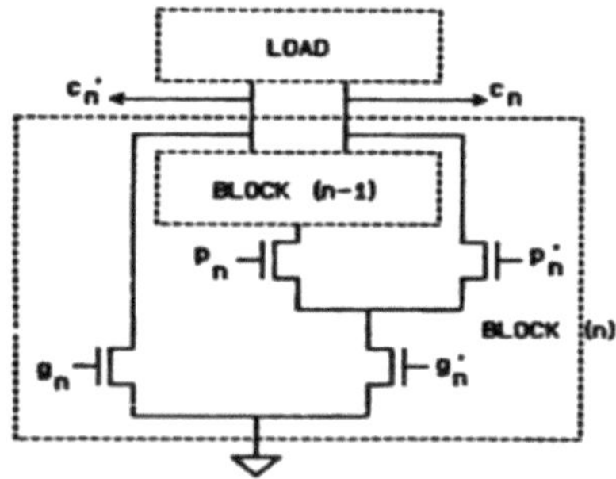

Figura 13(b) - Estrutura DCVS recursiva para a função *clan*— *Sn* + *tnclan* 1

É fácil construir a rede de árvores DCVS, para expressões booleanas constituídas apenas por alguns termos do produto. Considerando uma função simples S (considerando P como S) = aia2 ....an ; a estrutura correspondente e a sua representação simbólica são mostradas na Figura 14(a).

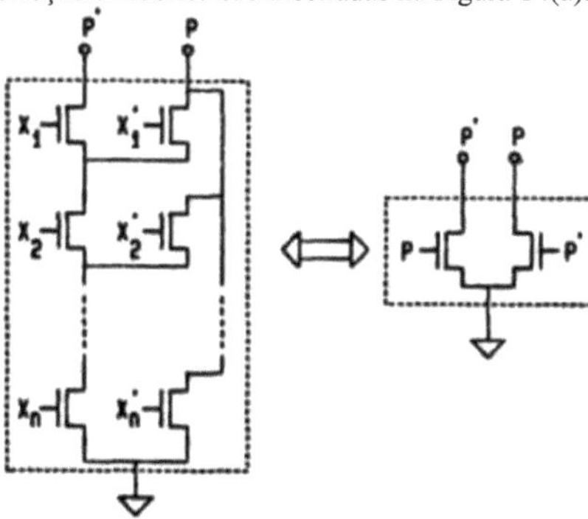

Figura 14(a) - A árvore DCVS com representação simbólica para a função S= a1a2 . ..an,

Utilizando a figura acima como bloco de construção básico, podemos construir numerosas funções complexas. *i* i= Ri *y* + *R*2 *y* ' *i* 2 = *R1* + *R*

em que as variáveis R (consideradas em vez de P) são dois termos de produto diferentes e as variáveis y são literais. As estruturas são mostradas na Figura 14(b) e na Figura 14(c).

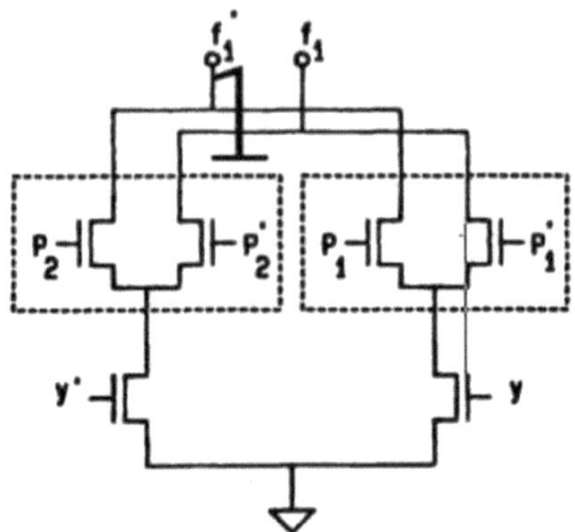

Figura 14(b) - Para a função i1

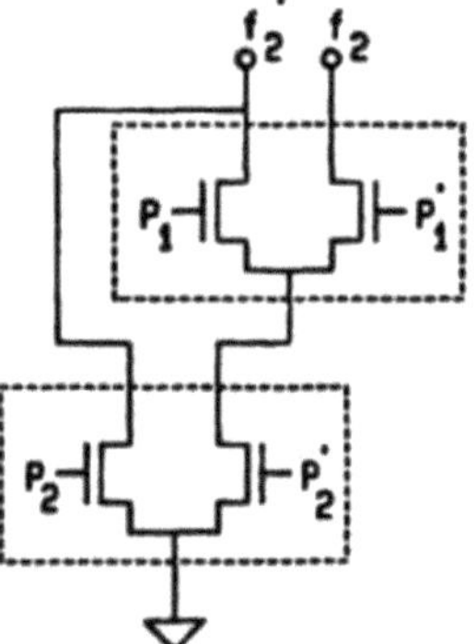

Figura 14(c) - Para a função i2

> **Procedimento K-map** - A variável de entrada da árvore DCVS é representada por qi, para i = 1,2,....,n, onde existe uma variável *qi* e também o complemento *qi*. Também o conjunto P é representado por um cubo, onde *qi* G *P* representa *qi* £ *P*.

Num mapa K com um número n de variáveis, existem 2 caixas" e cada uma delas, que tem exatamente n literais, representa um cubo. As caixas que contêm 0 são chamadas caixas 0 (do mesmo modo, caixas 1). Um laço 0 que circunda duas caixas 0 adjacentes contém um cubo que tem literais mas um a menos que cada um dos cubos que significam a caixa 0 original (o mesmo para o laço 1). Se considerarmos dois 0-loops rectangulares, que são adjacentes ao mapa K e consistem em 2ⁱ 0-boxes. Os 0-loops exprimem cubos, digamos Cx_k *e* Cx_k , e obtemos um novo 0-loop retangular constituído por 2ⁱ⁺¹ 0-boxes com a combinação de dois 0-loops e o novo 0-loop que exprime o cubo C (o mesmo para os 1-loops).

Apresentamos de seguida um exemplo de introdução do algoritmo K-map, que exibe certas ideias, dada a função booleana S (considerada em vez de Q) = x1x2+x2x3+x3x1 (representando a função de transporte da FA), construindo a Lógica de Comutação de Tensão em Cascata Diferencial. A Figura 15(a) mostra o mapa K.

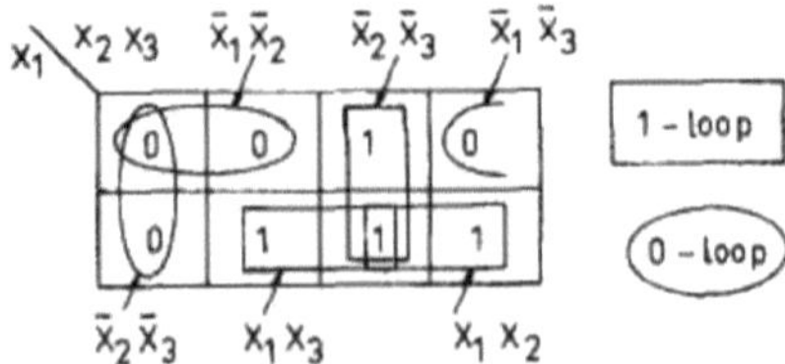

Figura 15(a) - Mapa K de um somador completo mostrando a função de transporte

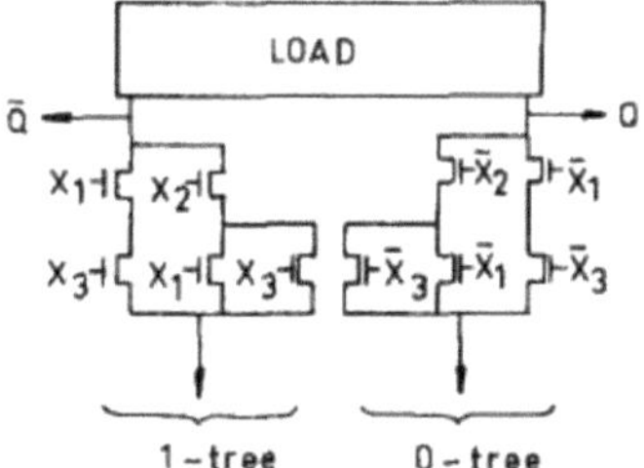

Figura 15(b) - Implementação DCVS num somador completo representando o carry-out

Os loops 0 e 1 são rodeados de forma adequada para representar a cobertura marginal para ambos os loops. A Figura 15(b) representa o par de árvores DCVS subsequente. A árvore que está comprometida com o nó T (T em vez de Q) é designada por árvore 0 e é derivada de células 0. Da mesma forma, o nó T' representa 1 célula e é derivado de 1 célula. Mas ambas as árvores são disjuntas porque ambas as células são agrupadas separadamente. Para realizar a função S, este circuito DCVS necessita de 10 N dispositivos. Para além de construir as duas árvores 0 e 1 desconexas, faz muito mais. Para a sua descoberta, é permitido o máximo de pontos em comum entre as árvores. Pode ser desenvolvida uma estrutura "partilhada" que leva à minimização do número de dispositivos.

Se uma caixa 0 (caixa 1) que representa o cubo x_i *R* e uma caixa 1 (caixa 0) que representa x_i *R* existirem em simultâneo, então a célula que representa o cubo R pode ser demarcada como uma caixa 10 (caixa 01). Estas 01 ou 10-caixas são tratadas como caixas separadas de formas diferentes. Quando duas ou mais 01-células (10-células) contíguas estão a ser circundadas, então forma-se um 01-loop (10-loop).

Revisitemos o exemplo anterior, com estes novos conceitos adicionados. Veja-se a Figura 16(a), onde estão representados três tipos de circunferências: 0-loop, 1-loop e 10-loop.

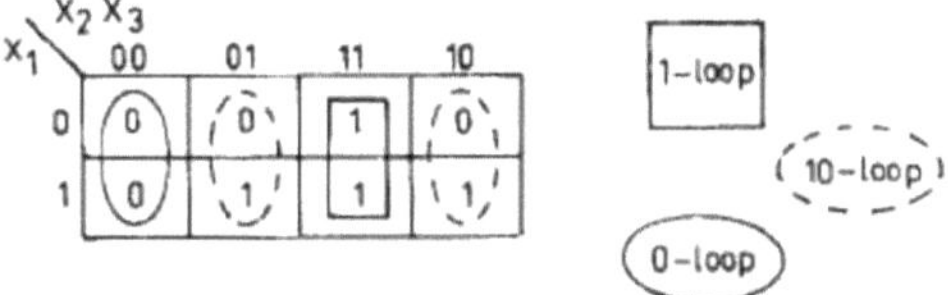

Figura 16(a) - Mapa K com círculos diferentes dos da figura 15(a)

A árvore "partilhada" com 10 laços é construída pela primeira vez na Figura 15(b).

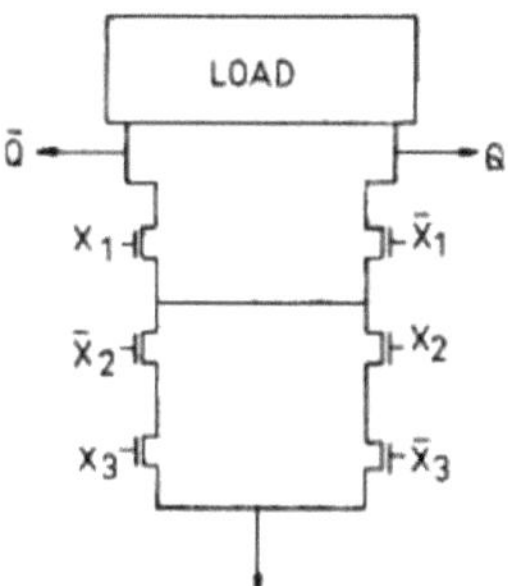

Figura 16(b) - Árvore DCVS com implementação em 10 loops

A árvore DCVS completa com os ramos 0-loop e 1-loop é adicionada e mostrada na Figura 16(c).

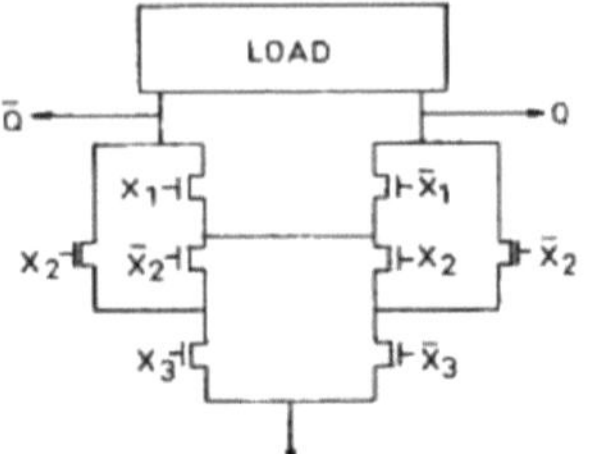

Figura 16(c) - Árvore DCVS completa

Aqui apenas 8 dispositivos N são essenciais, e são menos dois dispositivos do que a árvore desorganizada que é mostrada na Figura 15(b). Mas a quantidade de níveis empilhados é aumentada em 3.

O procedimento K-map tem 4 etapas:

- Identificar os 4 tipos diferentes de células, 0-caixas, 1-caixas, 01-caixas e 10-caixas.
- A cobertura marginal de todas as caixas 01 é determinada. De seguida, constrói-se a árvore equivalente a

envelope marginal. Com a grandeza i por ordem crescente, as variáveis xi são dispostas de cima para baixo em cada um dos ramos da árvore. A construção dos ramos da árvore é efectuada de acordo com a dimensão dos circuitos, começando pelo circuito de menor dimensão. As entradas de controlo que são do par superior são y_i relacionado com o nó T' e y_1 que está associado ao nó T. As entradas de porta y_1 e y_i que têm as fontes dos transístores estão sempre ligadas entre si.

- É encontrada uma cobertura mínima a partir das implicações primárias de todas as 10 células, de modo a que a árvore construída possa partilhar alguns dos ramos com a da segunda etapa. y_1 que está relacionado com o Nó

T' e y_i que está relacionado com o nó T são o par superior de entradas de controlo de acordo com a segunda etapa.

- De seguida, é encontrada uma cobertura mínima para as restantes células 0 e 1. A partilha dos ramos da árvore é sempre tida em conta durante a construção da árvore. O nó T (nó T') é ligado à base da árvore 0 (árvore 1).

Se y_i s forem rearranjados (por exemplo, as variáveis y1 e y2 são trocadas), a técnica acima pode gerar estruturas de árvore alteradas. Também para partilhar ramos da árvore e escolher a cobertura mínima, pode haver várias formas de escolha.

Um mapa K de 4 variáveis é apresentado na Figura 17(a) e os dois primeiros passos são aplicados para gerar a estrutura em árvore da Figura 17(b).

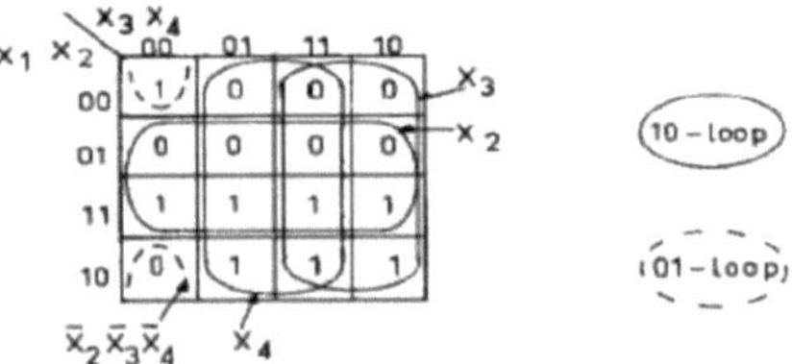

Figura 17(a) - Mapa K com a função $Q = y_1 y_2 y_3 y_4 + y_1 (y_2 + y3 + y4)$ mostrando 01 e 10 círculos

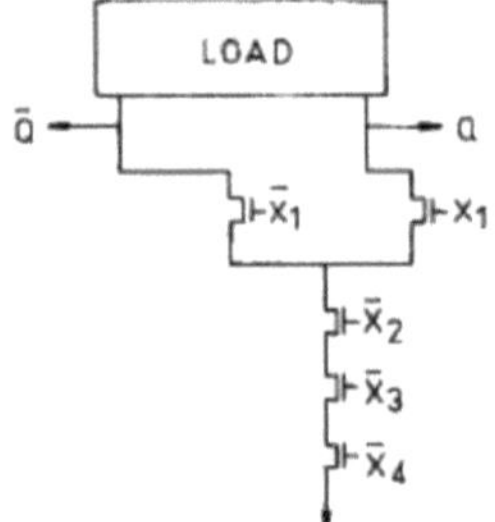

Figura 17(b) - Circuito DCVS representando 01 loop

A árvore DCVS completa é gerada através da aplicação do passo (3) e é apresentada na Figura 17(c).

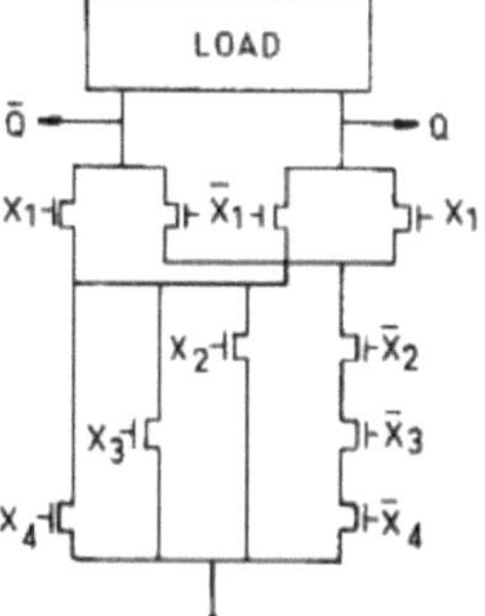

Figura 17(c) - Árvore DCVS completa

Não há células 0 e células 1 restantes, pelo que o passo (4) foi ignorado.

Eis outro exemplo, em que um método alterado de englobamento do mapa K é apresentado na Figura 18(a), que aponta para uma estrutura alterada apresentada na Figura 18(b).

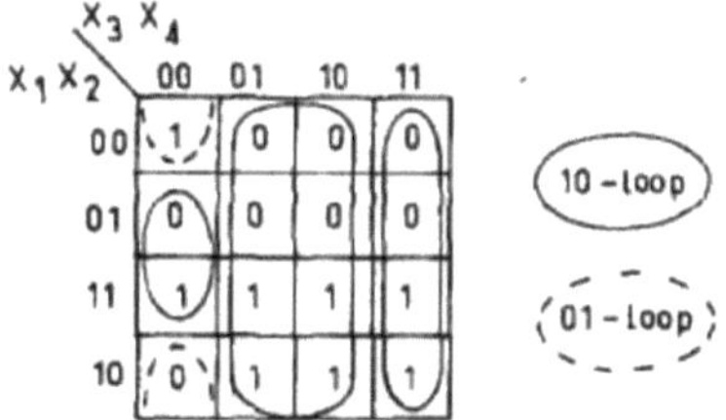

Figura 18(a) - Outro exemplo de disposição do mapa K

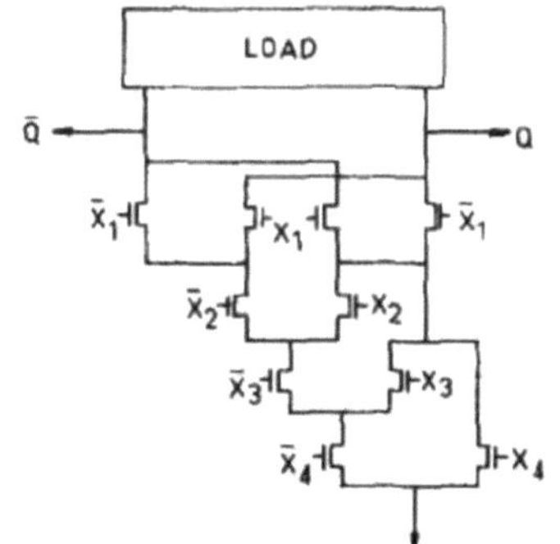

Figura 18(b) - Circuito resultante da figura anterior. Compare-o com o da figura 17(c)

Em alguns ramos da árvore, os níveis que são empilhados são incrementados, uma vez que as 10 células não são cobertas marginalmente nesta demonstração. Este artigo adverso, em combinação com enormes capacitâncias parasitas que também estão ligadas a várias ligações de fonte e dreno partilhadas, indica que a Figura 18(b) tem um desempenho elétrico inferior ao da Figura 17(c).

Se um circuito DCVS tiver níveis empilhados e for superior a 6, a apresentação pode degradar-se. A razão pode ser o facto de as capacitâncias parasitas de fonte e dreno continuarem a carregar-se e também a descarregar-se, devido aos transístores com cadeias longas. Por conseguinte, é muito melhor dividir os circuitos DCVS com 5 ou menos variáveis quando a lógica é complicada, para circuitos em que a velocidade é necessária. Neste caso, o procedimento de conceção é muito útil.

> **Método tabular** - O método de Quine-McCluskey é utilizado neste método tabular, onde se encontram os implicantes primos e o conjunto de cobertura mínima [6]. É fornecida uma lista constituída por dois campos, a saber, o vetor de entrada (y_i, ..., yn) {y tomado em vez de x} à direita e à esquerda com representação

decimal, como mostra a Tabela 1.

Decimal representation of input vector	Input vector x_1 x_2 ..... x_n	
e.g. 1	0 0 1	Record i
4	1 0 0	
3	0 1 1	Record j>i
6	1 1 0	
.	.	
.	.	
.	.	
.	.	

Quadro 1 - O formato da lista para o método tabular

Os vectores de entrada são organizados por ordem crescente do seu índice (número de 1's em representação binária) e são agrupados em registos. Começamos com uma lista 0 (lista que contém 0's) e uma lista 1 (lista que contém 1's) das funções. Duas outras listas são também geradas a partir das duas listas anteriores, nomeadamente a lista 10 e a lista 01. Este procedimento é idêntico ao da geração de 01-caixa e 10-caixa a partir das 0-caixa e 1-caixa, no método K-map. A escolha do envelope marginal da lista 1, da lista 0, da lista 01 e da lista 10 pelo método Quine-McCluskey modificado produz uma estrutura DCVS que é apresentada na Figura 19.

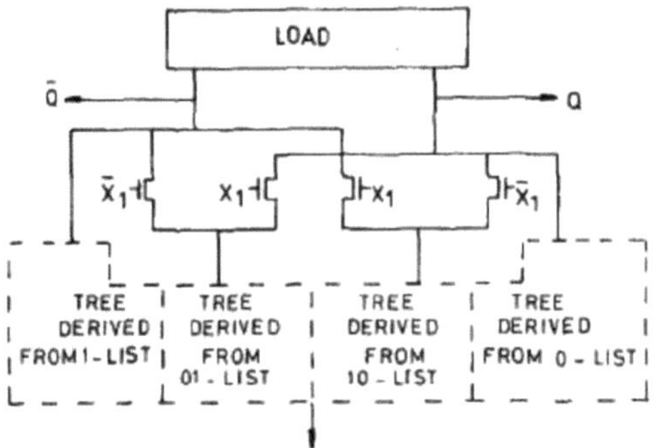

Figura 19 - A estrutura básica em árvore do DCVS desenvolvida a partir da Tabela 1

O método tabular é composto por cinco procedimentos

- A lista 1 é elaborada com vectores que são verdadeiros $(y_i, ..., y_n)$ de f(Q). Em seguida, a lista é dividida em contas que contêm i crescente, da mais alta para a mais baixa. Em seguida, a lista 0 é elaborada com vectores que são falsos de f(Q) e também com i crescente de cima para baixo.
- Para i que é de 1 a n;

Na lista i, as linhas que começam com yi =i na conta i são comparadas com as linhas que estão no registo i-1 da lista 0. Considerando que o vetor degradado $(y_2, ..., y_n)$ de duas linhas é o mesmo, então a lista 1 e a lista 0 são verificadas de forma correspondente e uma nova linha é adicionada à lista 10. A disposição da lista 10 é um pouco alterada, como mostra o quadro 2. A variável x1 já não é necessária.

Decimal representation of reduced input vector	Reduced input vector	
	x_2 x_3 ..... x_n	
e.g. 1	0 1	Record i
2	1 0	
3	1 1	Record j>i
.	.	
.	.	
.	.	
.	.	

Quadro 2 - Formato da lista de 10

- Para i = 0 a n-1;

Para a lista 1, as linhas que começam com y1 =0 na conta i são comparadas com as linhas da lista 0 que começam com i+1. Também neste caso, considerando que o vetor degradado (y_2, ...,y_n) das duas linhas é o mesmo,
as duas linhas da lista 0 e da lista 1 são verificadas de forma correspondente e é acrescentada uma nova linha à lista 01. Ambos os formatos da lista 01 e da lista 10 são iguais.

- O método Quine-McCluskey é aplicado às linhas da lista 01 e da lista 10 para encontrar os implícitos primos. O conjunto de cobertura marginal é selecionado para cada uma das duas listas através de medidas de supremacia de linhas e colunas e, ao construir as árvores correspondentes, procura-se o máximo de partilha de ramos da árvore. Assim, é construída uma árvore "partilhada".
- Para selecionar um conjunto de cobertura mínima, é aplicado um procedimento convencional para linhas abandonadas na lista 0 e na lista 1. Em seguida, as árvores são construídas de acordo com estas duas somas marginais, adicionando mais ramos à árvore que é "partilhada". Desta forma, constrói-se uma estrutura DCVS que é mostrada na Figura 19.

O comparador de grandeza de 3 bits projetado é considerado pelo método tabular. O circuito faz a equivalência entre números binários, A=A3A2A1 & B=B3B2B1, e que também dá uma saída Q=1, sempre que A>B. As variáveis (y1, y2, y3, y4, y5, y6) são iguais a (A3, B3, A2, B2, A1, B1). Uma função diferente conduzirá a uma estrutura alterada.

A partir da etapa inicial, tabulamos a lista 0 (36 linhas) e a lista 1 (28 linhas). Depois, quando a segunda etapa estiver concluída, é elaborada uma lista de 10, como mostra a Tabela 3.

Decimal representation of reduced input vector	Reduced Input vector				
	x_2	x_3	x_4	x_5	x_6
0	0	0	0	0	0
4	0	0	1	0	0
1	0	0	0	0	1
5	0	0	1	0	1
6	0	0	1	1	0
12	0	1	1	0	0
3	0	0	0	1	1
24	1	1	0	0	0
18	1	0	0	1	0
7	0	0	1	1	1
13	0	1	1	0	1
25	1	1	0	0	1
26	1	1	0	1	0
15	0	1	1	1	1
27	1	1	0	1	1
30	1	1	1	1	0

Tabela 3 - A lista de 10 de um Comparador de Magnitude de 3 bits

O terceiro passo não gera nenhuma lista 01. A partir do quarto passo, obtém-se uma tabela de implícitos primos a partir da lista de 10 que é apresentada na Tabela 4 e estes implícitos primos formam efetivamente um envelope marginal.

Decimal representation / prime implicants	0	1	3	4	5	6	7	12	13	15	18	24	25	26	27	30
$x_2\ \overline{x_4}\ x_5\ \overline{x_6}$											x			x		
$x_2\ x_3\ x_5\ \overline{x_6}$														x		x
$\overline{x_2}\ \overline{x_3}\ \overline{x_5}$	x	x		x	x											
$\overline{x_2}\ \overline{x_3}\ x_4$				x	x	x	x									
$\overline{x_2}\ x_4\ \overline{x_5}$				x	x			x	x							
$\overline{x_2}\ \overline{x_3}\ x_6$		x	x		x		x									
$\overline{x_2}\ x_4\ x_6$					x		x		x	x						
$x_2\ x_3\ \overline{x_4}$												x	x	x	x	

Tabela 4 - Tabela de implícitos principais da lista de 10

A árvore "partilhada" é apresentada na Figura 20.

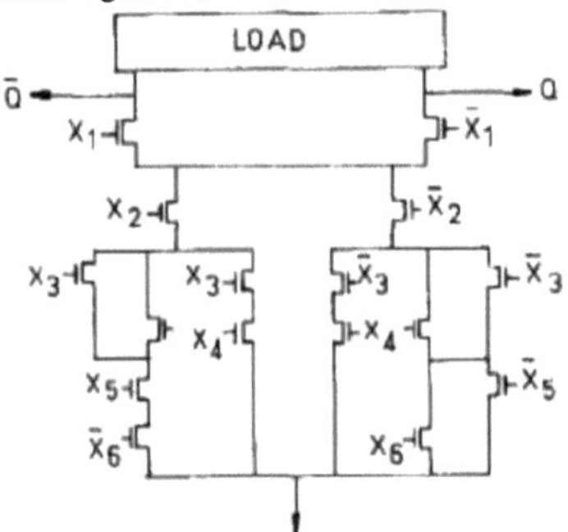

Figura 20 - O circuito em árvore com a lista de 10

A partir do quinto passo, as linhas abandonadas da lista 0 e da lista 1 resultam nos quadros 5 e 6.

Decimal representation of input vector	Input vector					
	x_1	x_2	x_3	x_4	x_5	x_6
1	0	0	0	0	1	0
8	0	0	1	0	0	0
9	0	0	1	0	0	1
10	0	0	1	0	1	0
40	1	0	1	0	0	0
34	1	0	0	0	1	0
11	0	0	1	0	1	1
14	0	0	1	1	1	0
41	1	0	1	0	0	1
42	1	0	1	0	1	0
43	1	0	1	0	1	1
46	1	0	1	1	1	0

minimal sum = $\overline{x_2}\ x_3\ x_5\ \overline{x_6} + \overline{x_2}\ \overline{x_4}\ x_5\ \overline{x_6} + \overline{x_2}\ x_3\ \overline{x_4}$

Tabela 5 - A lista 1 e a sua soma mínima para o Comparador de Magnitude

Decimal representation of input vector	Input vector					
	x_1	x_2	x_3	x_4	x_5	x_6
16	0	1	0	0	0	0
20	0	1	0	1	0	0
17	0	1	0	0	0	1
48	1	1	0	0	0	0
21	0	1	0	1	0	1
22	0	1	0	1	1	0
28	0	1	1	1	0	0
19	0	1	0	0	1	1
52	1	1	0	1	0	0
49	1	1	0	0	0	1
29	0	1	1	1	0	1
23	0	1	0	1	1	1
53	1	1	0	1	0	1
54	1	1	0	1	1	0
60	1	1	1	1	0	0
51	1	1	0	0	1	1
31	0	1	1	1	1	1
61	1	1	1	1	0	1
55	1	1	0	1	1	1
63	1	1	1	1	1	1

minimal sum $= x_2 \overline{x_3}\, \overline{x_5} + x_2 \overline{x_3}\, x_6 + x_2 x_4 x_6 + x_2 x_4 \overline{x_5} + x_2 \overline{x_3}\, x_4$

Tabela 6 - A lista 0 e a sua soma mínima para o Comparador de Magnitude

As somas marginais equivalentes efectuadas pelo método Quine-McCluskey são especificadas e o DCVS completo é apresentado na Figura 21.

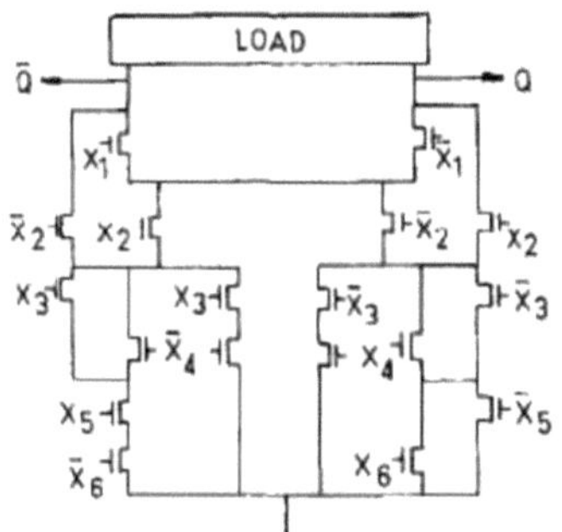

Figura 21 - Comparador de Magnitude de 3 bits.

Capítulo 4

REGIMES DE ENSAIO sobre as ESTRUTURAS DCVSL

Nas práticas de conceção mais estruturadas, existe um conceito segundo o qual, com alguns circuitos adicionais, todos os elementos de memória de um CI podem ser ligados num registo de deslocação. Um interrutor de controlo é capaz de mudar os elementos de memória para o modo de registo de deslocação a partir dos seus modos normais de funcionamento e é nessa altura que o estado atual do CI é congelado e deslocado para análise. O design de varrimento sensível ao nível (LSSD) é a disciplina da IBM para o design estruturado com vista à testabilidade. Aqui, o termo "Scan" refere-se à capacidade de qualquer rede entrar ou sair de qualquer estado e o termo "Level-Sensitive" indica a profundidade lógica, a excitação do circuito e o manuseamento de circuitos com relógio. O elemento-chave do projeto é o 'shift register latch' (SRL), que está a ser implementado em DCVS Logic [26].

A propriedade de auto-teste das árvores DCVS é descrita através de um esquema diferente [2]. Devido à presença de saídas complementares para cada árvore, o circuito DCVS tem a propriedade única de testabilidade online. Este facto permite-nos obter uma cobertura de falhas dinâmicas e de falhas presas (por exemplo, devido a partículas alfa ou falhas de energia).

Os caminhos diferenciais de dois nós (Q e Qbar) são produzidos por uma árvore DCVS, que é representada por um par ordenado (Q,Q') para a terra. De acordo com o funcionamento sem falhas, apenas um dos dois caminhos para a terra está ativo, o que produz uma saída legal (espaço de código) (1,0) ou (0,1). Para uma operação defeituosa, a saída muda de um estado legal para um estado ilegal (fora do espaço de código), como (0,0) ou (1,1) [2]. Assim, a presença de uma falha na árvore é claramente indicada pela deteção de um estado ilegal na saída de qualquer árvore. A isto chama-se a propriedade de auto-teste das árvores DCVS.

Uma árvore DCVS também tem outra propriedade chamada propriedade de segurança contra falhas, que descreve que qualquer entrada ilegal única para uma árvore funcional faz com que a árvore produza uma saída ilegal ou uma saída correcta [2]. Apesar de a árvore DCVS ter uma das suas entradas num estado ilegal, pode produzir uma saída legal correcta, desde que a sua saída seja independente de outra entrada ilegal. Um exemplo de porta NAND de 3 entradas é apresentado na Figura 22.

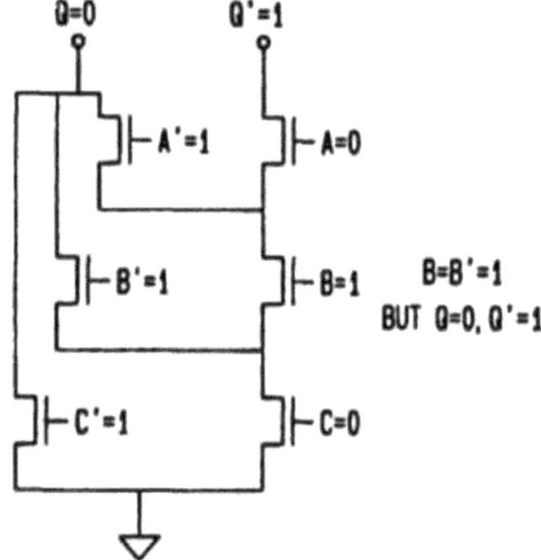

Figura 22 - Porta NAND de 3 entradas com entradas ilegais

Para aumentar a observabilidade do erro, podemos colocar o detetor de estados ilegais nas saídas das árvores DCVS internas, em vez de os colocarmos apenas nos latches dos limites dos blocos lógicos. Assim, o detetor de estados ilegais pode ser um circuito XOR mostrado na Figura 23. Sempre que (Q,Q') é igual a (0,0) ou (1,1), a "bandeira de erro" é puxada para baixo.

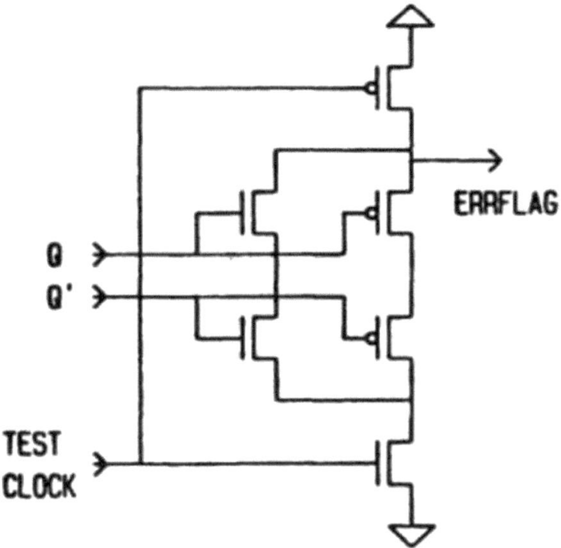

Figura 23 - Detetor de estado ilegal para árvores DCVS

Capítulo 5

Análise do desempenho das estruturas DCVSL

Na secção seguinte é apresentada uma comparação das três estruturas DCVSL, com parâmetros como a temperatura, a tensão, o consumo de energia, o atraso e o produto do atraso de energia. Toda a análise mostra que as estruturas propostas apresentam melhores resultados em termos de consumo de energia do que as estruturas convencionais. Mas o atraso é comparativamente um pouco maior para a estrutura proposta do que para a convencional. Assim, para conceber uma porta digital "mais rápida", é geralmente necessária uma maior potência e, para conceber uma porta com menor consumo de energia, o dispositivo digital é mais lento. Por conseguinte, há um obstáculo em ambos os sentidos e, assim, o atraso de propagação e a dissipação de energia constituem geralmente um compromisso de conceção, ou seja, melhora-se um e o outro é degradado. Para quantificar a eficácia ou eficiência de um projeto digital em termos de atraso e potência, é utilizado um produto do atraso de propagação e da dissipação de potência. Daí o termo PDP. As estruturas DCVSL são baseadas no Multiplexador 2:1. A Tabela Verdade do Multiplexador 2:1 é apresentada na Tabela 7.

S	A	B	Z
0	0	0	0
0	0	1	0
0	1	0	1
0	1	1	1
1	0	0	0
1	0	1	1
1	1	0	0
1	1	1	1

Tabela 7 - Tabela Verdade do Multiplexador 2:1

Em todas as estruturas DCVSL, existem três entradas, nomeadamente (a, b, s). 'a' e 'b' são as duas entradas de um multiplexer, e 's' é a linha de seleção. "z" e "z1" são as saídas, em que "z1" é a saída complementar de z. Do mesmo modo, "a1", "b1" e "s1" são as entradas complementares fornecidas pelo inversor. O Vpulse do Cadence Virtuoso é utilizado para fornecer tensão às três entradas, em que V1 é 0V e V2 é 1V. A tensão de alimentação varia entre 1V e 1,4V para todas as estruturas DCVSL, com base nas quais se efectua a análise, começando pela DCVSL estática, depois a DCVSL dinâmica e terminando com a DCVSL modificada.
Para a entrada 'a', o 'Período' é mantido em 44ns e a 'Largura de pulso' é mantida em 22ns.
Para a entrada 'b', o 'Período' é mantido em 23ns e a 'Largura de pulso' é mantida em 11ns.
Para a entrada 's', o 'Período' é mantido em 10ns e a 'Largura de pulso' é mantida em 5ns.

> (5.1) DCVSL estático -

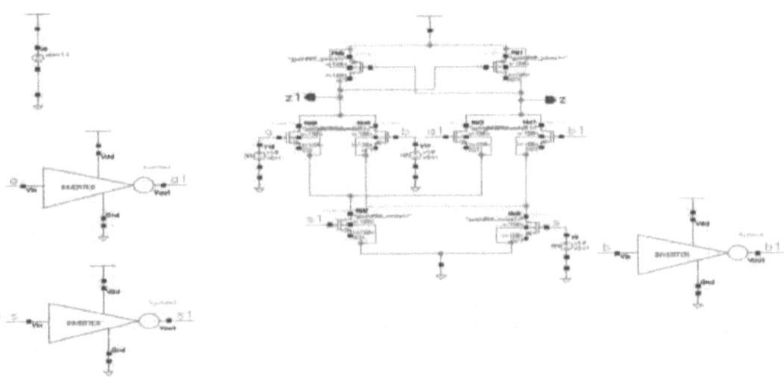

Figura 24(a) - DCVSL estático convencional

Existem 2 PMOS e 6 NMOS na estrutura principal do DCVSL. Considerando os três inversores, a contagem de PMOS sobe para 5 PMOS e 9 NMOS. Aqui, a relação W/L de cada transístor é mantida em 120nm/120nm, ou seja, 1:1. Por outro lado, os transístores no inversor são mantidos em - para PMOS, é 240nm/120nm, ou seja, 2:1 e para NMOS, é 120nm/120nm, ou seja, 1:1. Além disso, na estrutura convencional, para a parte DCVSL, dos 6 NMOS, os 4 corpos dos NMOS acima estão ligados à fonte do NMOS, mas a fonte do NMOS não está ligada à terra e está ligada internamente à fonte de outro NMOS. Os restantes 2 corpos NMOS estão ligados à fonte, que por sua vez está ligada à terra. No caso dos PMOS, o corpo e a fonte estão ligados a V_{DD}.

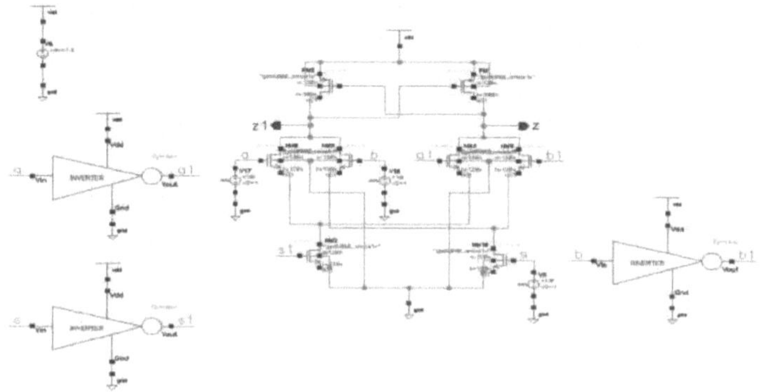

Figura 24(b) - DCVSL estático proposto

No projeto proposto, o rácio PMOS (W/L) é mantido a 120nm/300nm, ou seja, 2,5:1 e o rácio NMOS (W/L) é mantido a 120nm/120nm, ou seja, 1:1. Neste caso, os 4 corpos NMOS acima referidos estão ligados à terra e os restantes 2 corpos NMOS estão ligados à fonte, que por sua vez está ligada à terra. No caso do PMOS, a ligação do corpo e da fonte é feita ao VDD.

As respostas transitórias para os circuitos convencional e proposto são mostradas abaixo, com tensões variando de 1V a 1,4V.

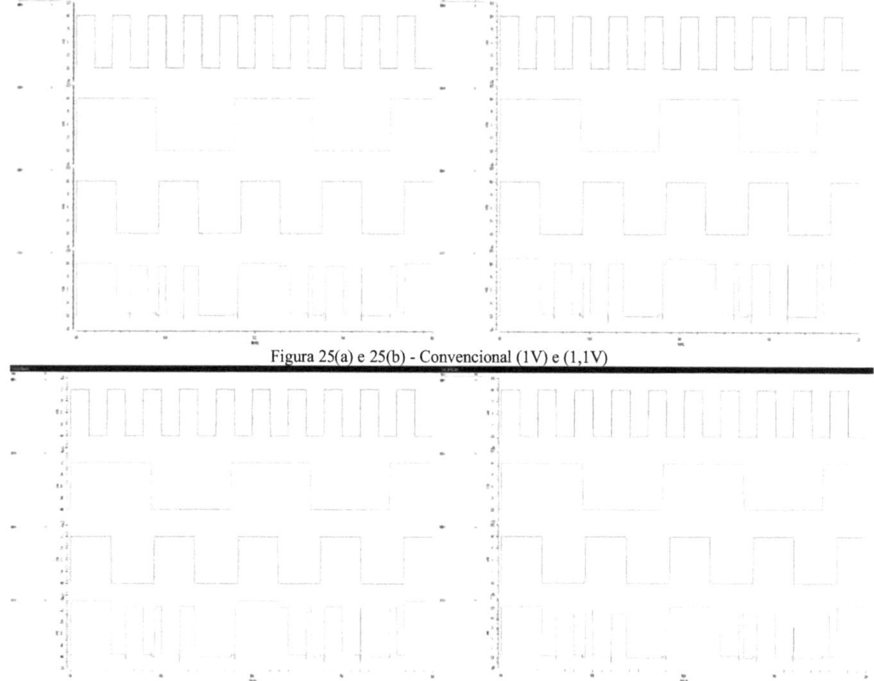

Figura 25(a) e 25(b) - Convencional (1V) e (1,1V)

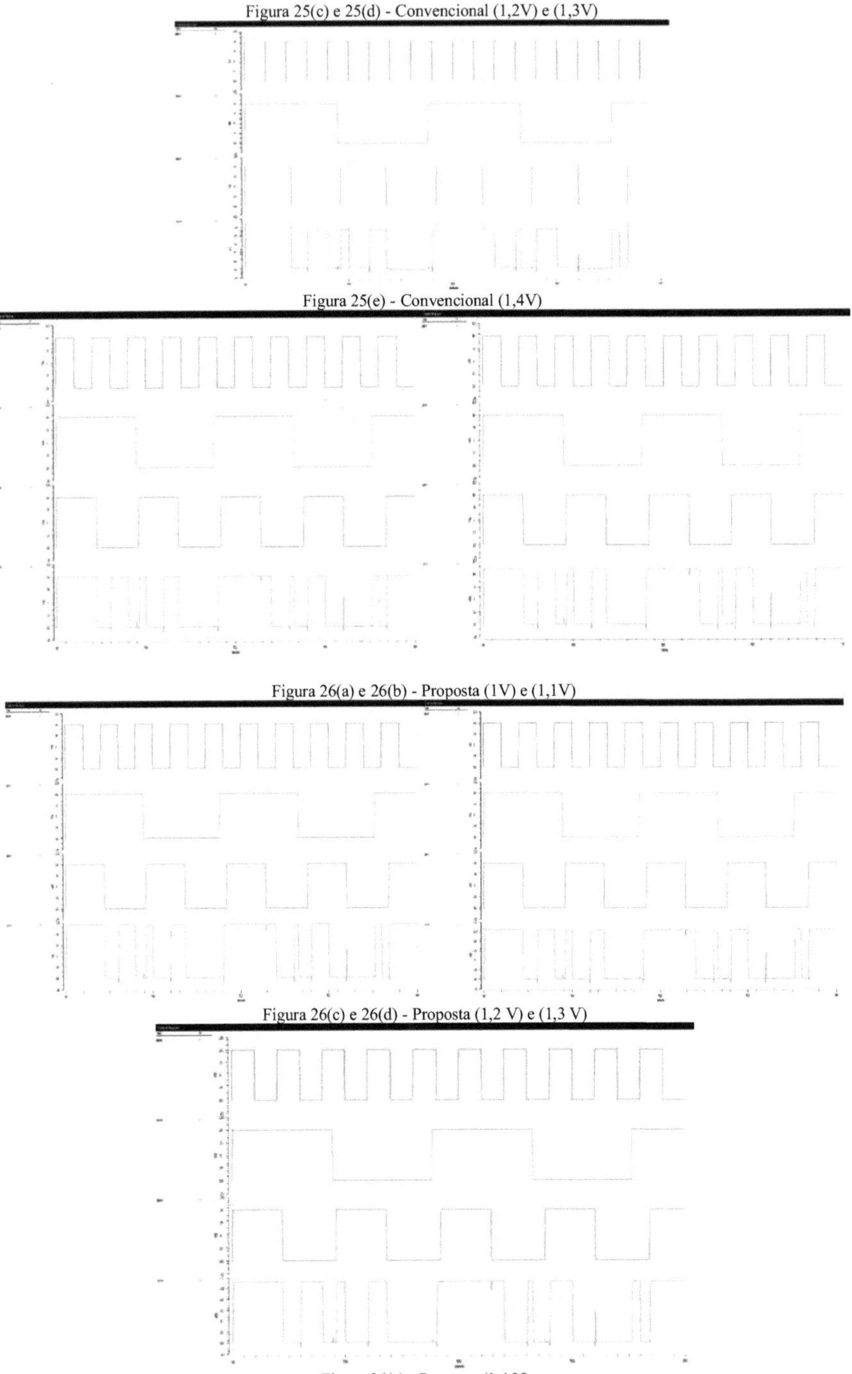

Figura 25(c) e 25(d) - Convencional (1,2V) e (1,3V)

Figura 25(e) - Convencional (1,4V)

Figura 26(a) e 26(b) - Proposta (1V) e (1,1V)

Figura 26(c) e 26(d) - Proposta (1,2 V) e (1,3 V)

Figura 26(e) - Proposta (1,4 V)

Entre os circuitos DCVSL estático convencional e proposto, é efectuada uma comparação entre o consumo de energia e a temperatura, variando a tensão de 1V a 1,4V. A comparação mostra melhores resultados para o circuito DCVSL proposto, em termos de consumo de energia.

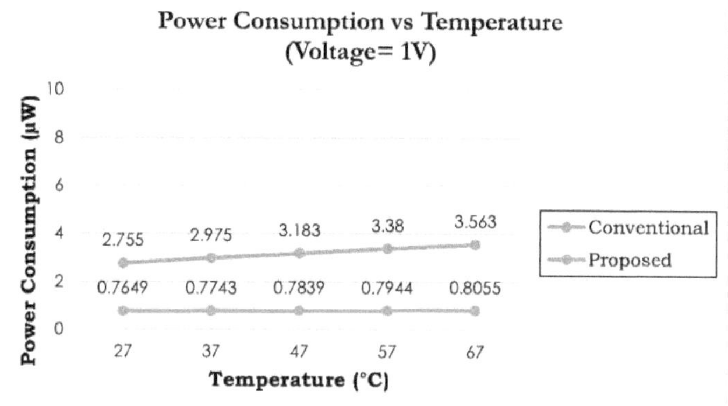

Figura 27 (a) - Consumo de energia versus temperatura (1V)

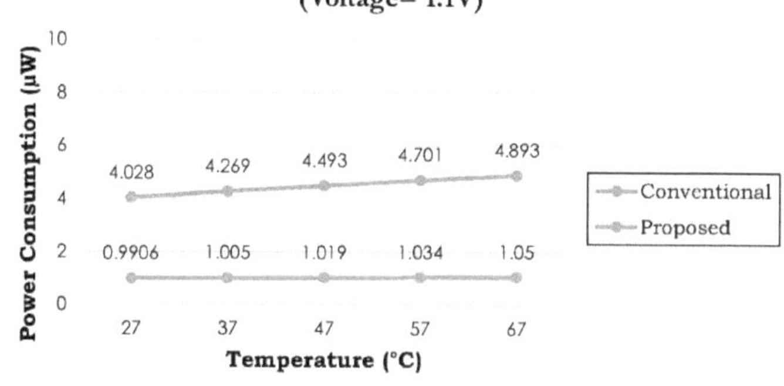

Figura 27 (b) - Consumo de energia versus temperatura (1,1V)

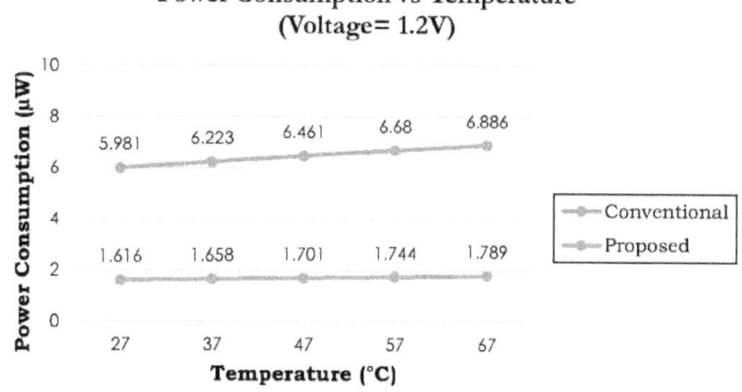

Figura 27(c) - Consumo de energia versus temperatura (1,2V)

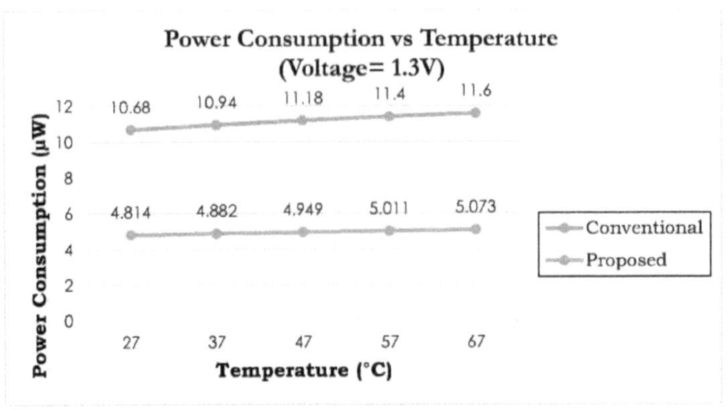

Figura 27(d) - Consumo de energia versus temperatura (1,3 V)

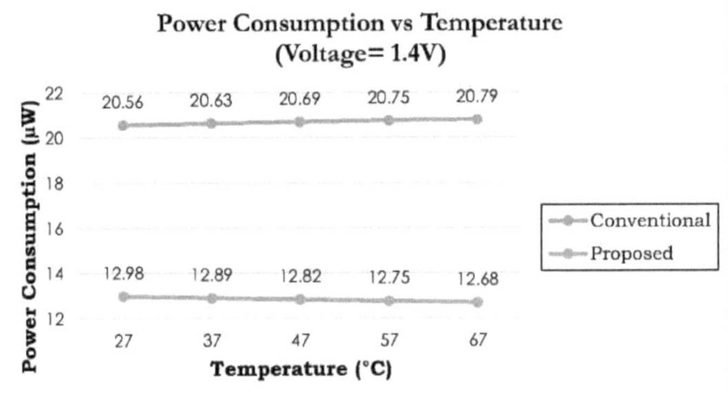

Figura 27(e) - Consumo de energia versus temperatura (1,4V)

Agora, comparamos o atraso com a temperatura.

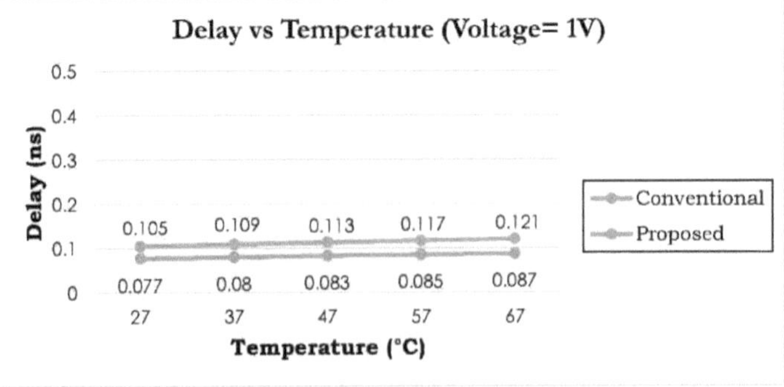

Figura 28(a) - Atraso versus temperatura (1V)

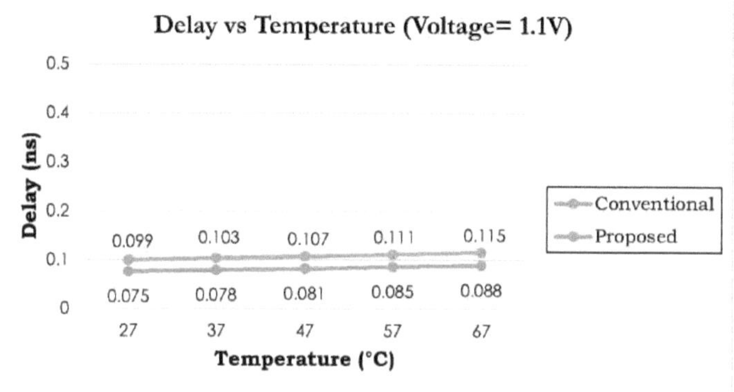

Figura 28(b) - Atraso vs. Temperatura (1,1V)

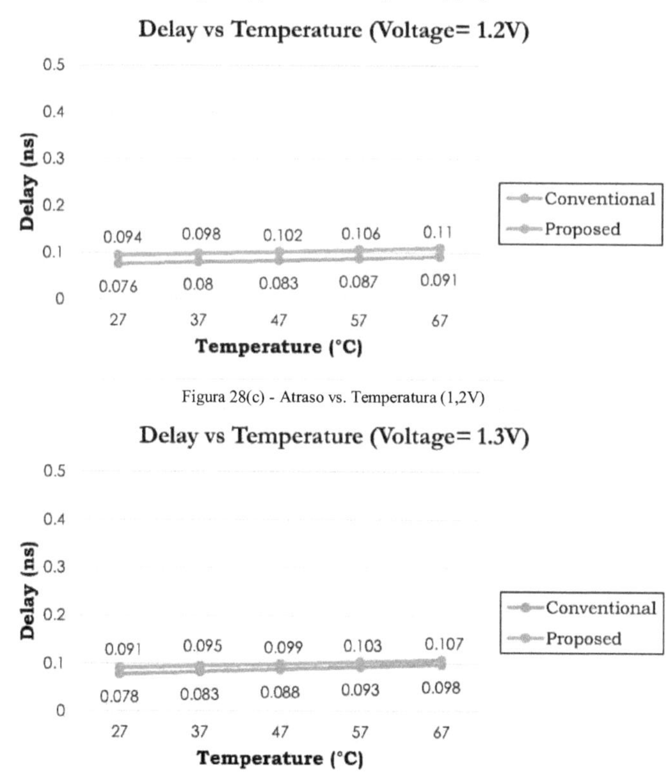

Figura 28(c) - Atraso vs. Temperatura (1,2V)

Figura 28 (d) - Atraso versus temperatura (1,3 V)

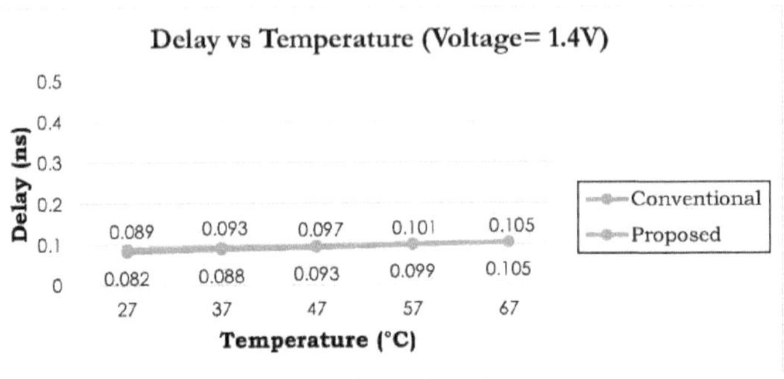

Figura 28(e) - Atraso versus temperatura (1,4 V)

Aqui, o atraso é um pouco maior para o circuito DCVSL proposto.

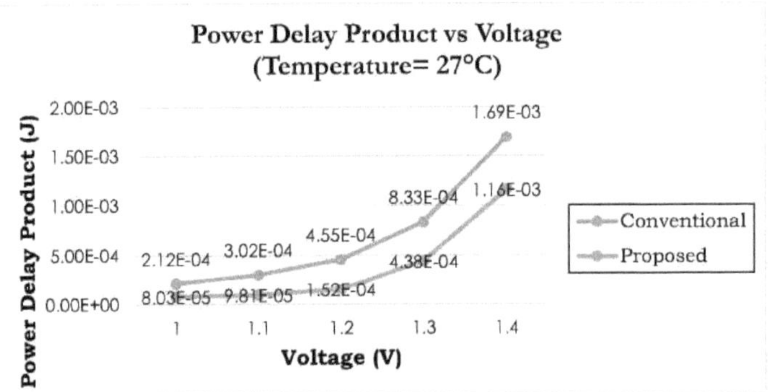

Figura 29 - Produto de atraso de potência versus tensão

> (5.2) DCVSL dinâmico -

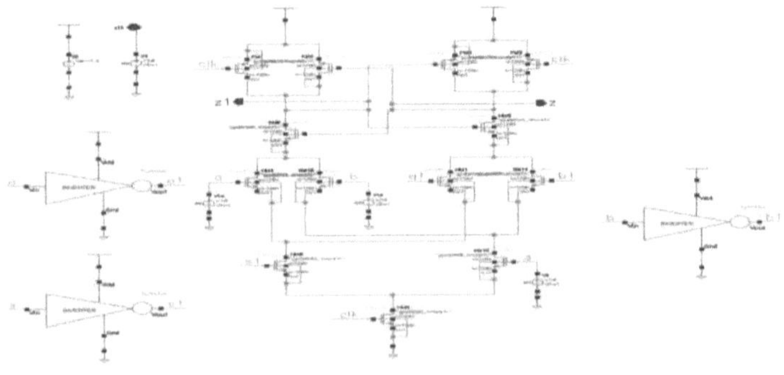

Figura 30(a) - DCVSL dinâmico convencional

Existem 4 PMOS e 9 NMOS na estrutura DCVSL. Para além disso, existem 3 inversores, que constituem 1 PMOS e 1 NMOS cada, o que representa 3 PMOS e 3 NMOS no total. O PMOS tem (W/L) = 240nm/120nm, ou seja, uma relação 2:1, enquanto o NMOS tem (W/L) = 120nm/120nm, ou seja, uma relação 1:1. No Dynamic DCVSL, também é utilizado um relógio que é a entrada da porta para 2 PMOS e 1 NMOS. O relógio tem um atraso de 10ns. Aqui, dos 4 PMOS, 2 PMOS extremos que têm o relógio como entrada para a porta também têm os corpos de ambos ligados ao V_{DD}. Os outros dois PMOS têm os seus corpos ligados ao dreno do mesmo e também ligados internamente à porta do NMOS intermédio e à porta dos outros dois PMOS. Utilizam-se aqui dois NMOS intermédios, que têm o seu corpo ligado à fonte, mas a fonte não está ligada à terra mas sim aos drenos dos outros NMOS, dois para cada. Exceptuando o NMOS que tem o relógio como entrada, os restantes NMOS têm o seu corpo ligado à fonte que não está ligada à terra.

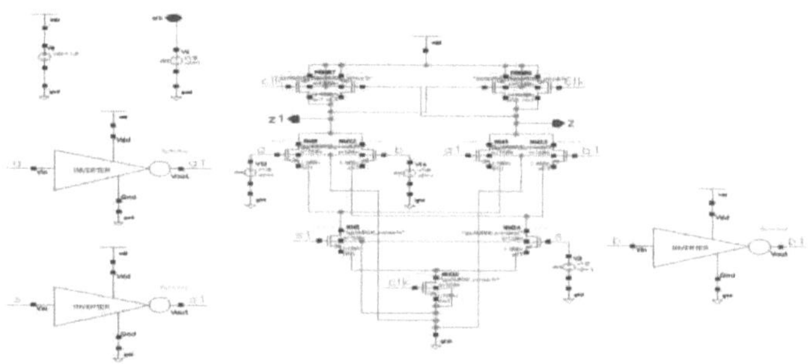

Figura 30(b) - DCVSL dinâmico proposto

Neste caso, o corpo de todos os PMOS da estrutura DCVSL está ligado à fonte que, por sua vez, está ligada ao VDD. Da mesma forma, o corpo de todos os NMOS da estrutura DCVSL está ligado à fonte que, por sua vez, está ligada à terra. A relação (W/L) de todos os PMOS é de 120nm/180nm, ou seja, 1/1,5, enquanto a relação (W/L) de todos os NMOS é de 120nm/100nm, ou seja, 1,2/1.

As respostas transitórias para os circuitos convencional e proposto são mostradas abaixo, com tensões variando de 1V a 1,4V.

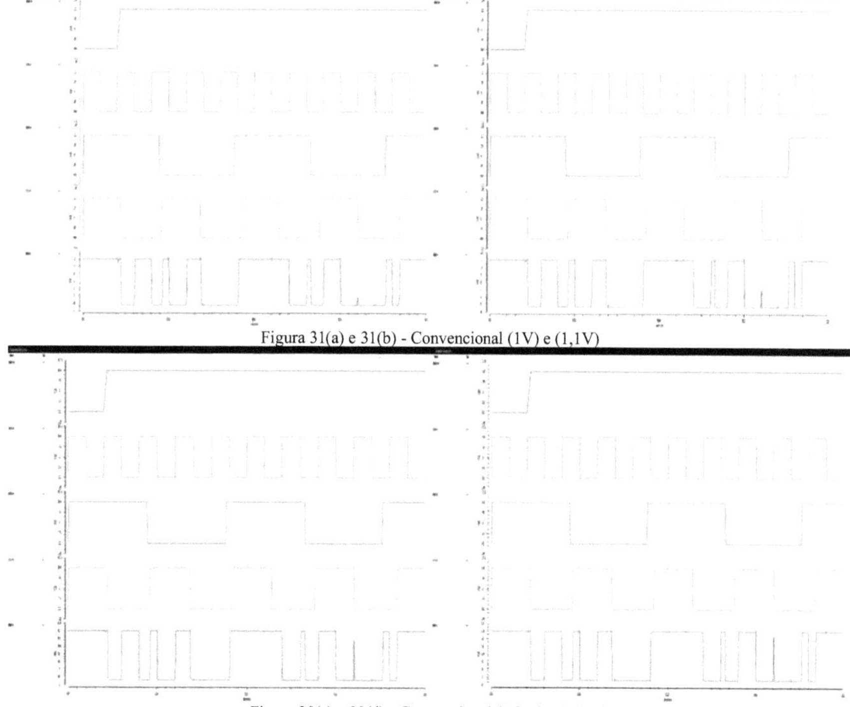

Figura 31(a) e 31(b) - Convencional (1V) e (1,1V)

Figura 30(c) e 30(d) - Convencional (1,2 V) e (1,3 V)

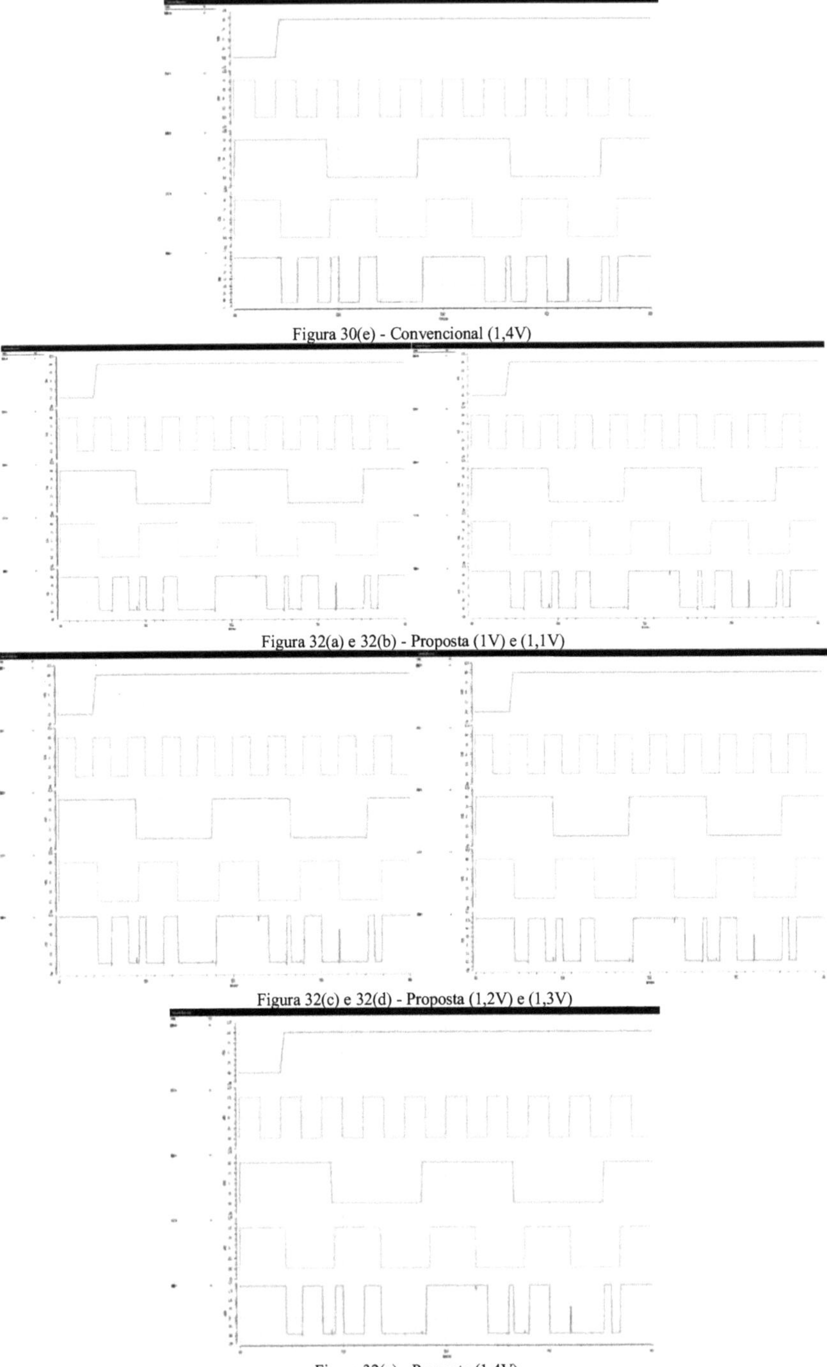

Figura 30(e) - Convencional (1,4V)

Figura 32(a) e 32(b) - Proposta (1V) e (1,1V)

Figura 32(c) e 32(d) - Proposta (1,2V) e (1,3V)

Figura 32(e) - Proposta (1,4V)

Entre o circuito DCVSL convencional e o circuito DCVSL dinâmico proposto, é efectuada uma comparação entre o consumo de energia e a temperatura, variando a tensão de 1V a 1,4V. A comparação mostra melhores resultados para o circuito DCVSL proposto, em termos de consumo de energia.

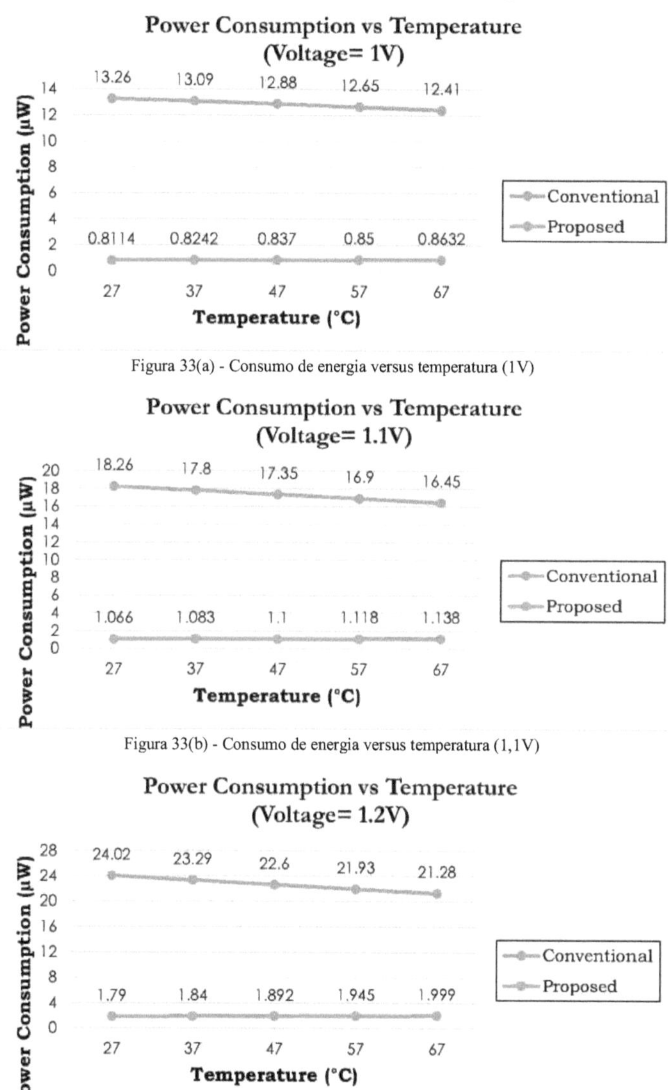

Figura 33(a) - Consumo de energia versus temperatura (1V)

Figura 33(b) - Consumo de energia versus temperatura (1,1V)

Figura 33(c) - Consumo de energia versus temperatura (1,2V)

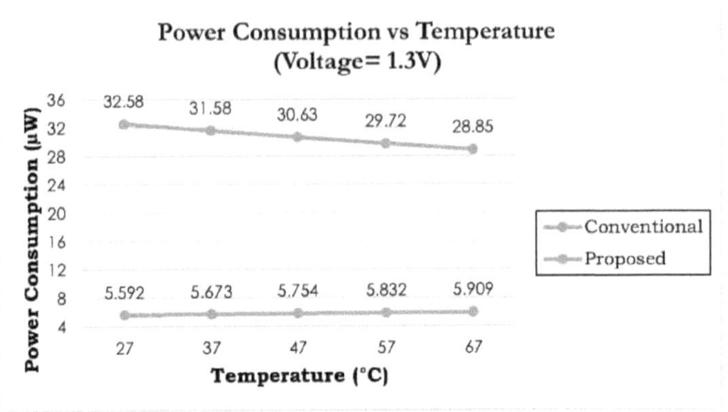

Figura 33(d) - Consumo de energia versus temperatura (1,3V)

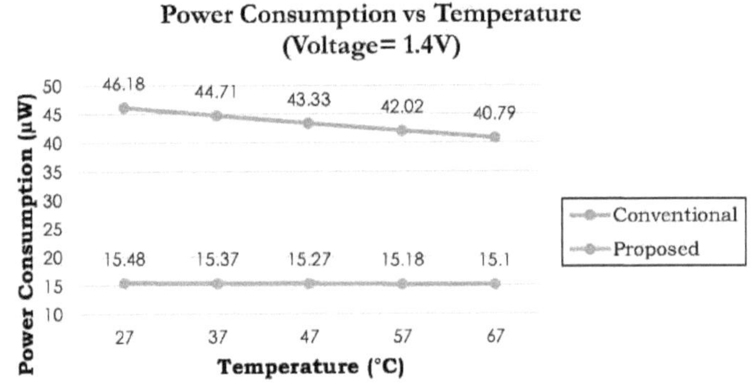

Figura 33(e) - Consumo de energia versus temperatura (1,4V)

Agora, comparamos o atraso com a temperatura.

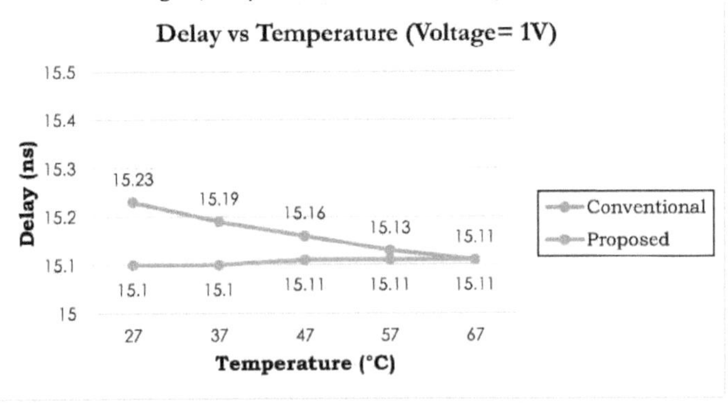

Figura 34(a) - Atraso versus temperatura (1V)

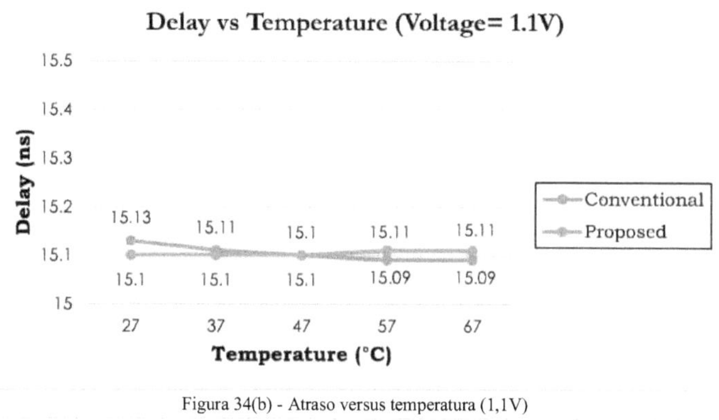

Figura 34(b) - Atraso versus temperatura (1,1V)

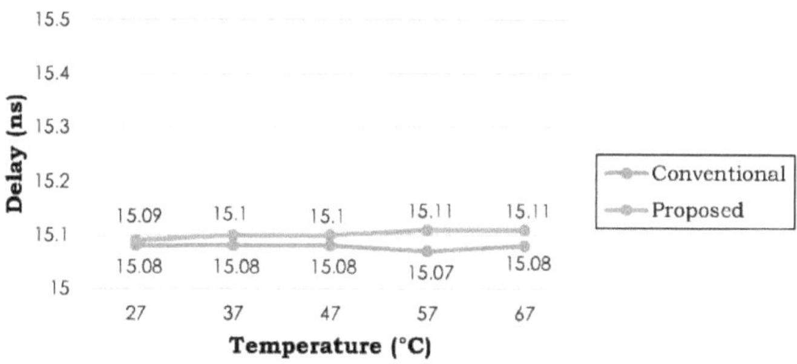

Figura 34(c) - Atraso versus temperatura (1,2V)

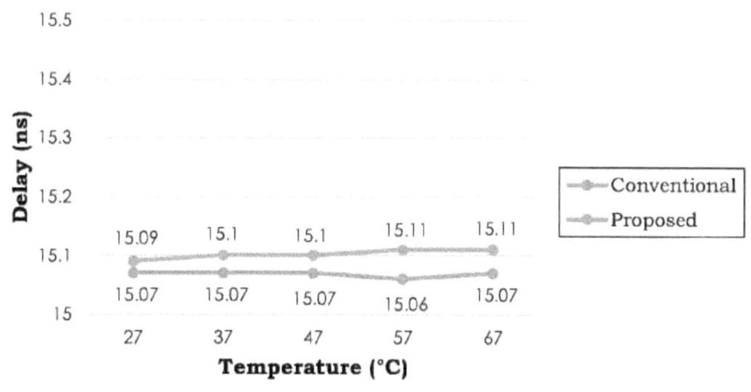

Figura 34(d) - Atraso versus temperatura (1,3 V)

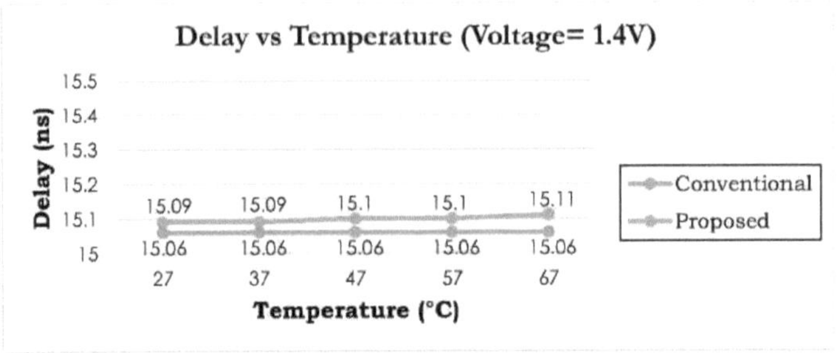

Figura 34(e) - Atraso versus temperatura (1,4V)

Aqui, o atraso é um pouco maior para o circuito DCVSL proposto, na maioria dos casos.

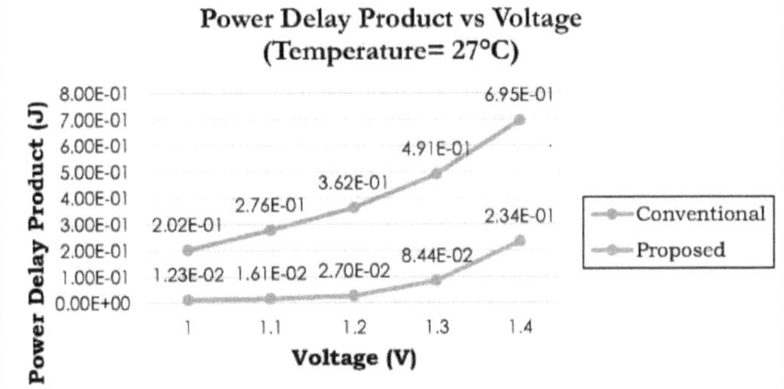

Figura 35 - Produto de atraso de potência versus tensão

> (5.3) DCVSL modificado -

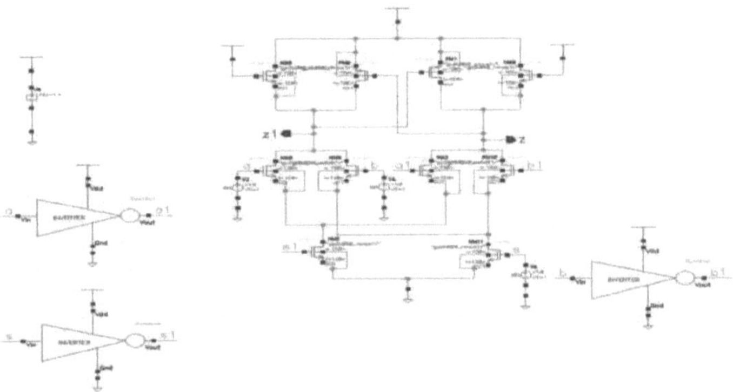

Figura 36(a) - DCVSL modificado convencional

Aqui, há 2 PMOS e 8 NMOS. 2 NMOS são equivalentes a 2 PMOS. Estes 2 NMOS têm VDD nas portas e o corpo ligado à fonte, que por sua vez está ligada ao dreno do seu PMOS paralelo. As portas destes 2 PMOS estão ligadas às saídas. Os restantes NMOS estão da mesma forma ligados à fonte do mesmo, sem que a sua ligação seja feita com a terra. Todos os transístores da estrutura DCVSL têm uma relação (W/L) de 1:1, uma vez que são 120nm/120nm.

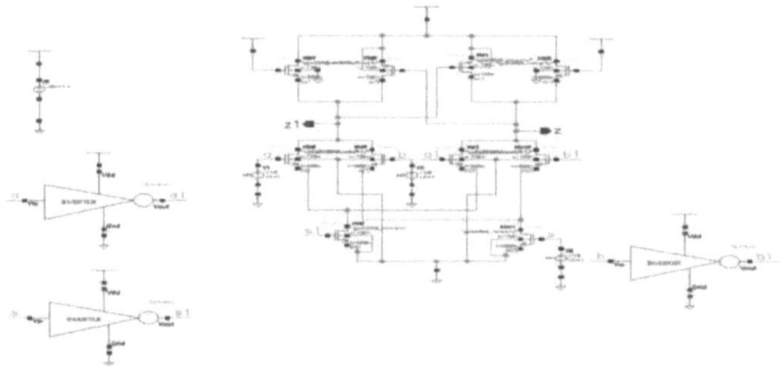

Figura 36(b) - Proposta de DCVSL modificada

No circuito proposto, os 2 NMOS equivalentes a 2 PMOS estão a ter o seu corpo ligado à terra. E o resto dos outros 6 NMOS também têm o seu corpo ligado à terra. Aqui, a relação (W/L) é mantida em 1:1,5, ou seja, 120nm/180nm para o PMOS e para o NMOS, é 1:1, ou seja, 120nm/120nm.

As respostas transitórias para os circuitos convencional e proposto são mostradas abaixo, com tensões variando de 1V a 1,4V.

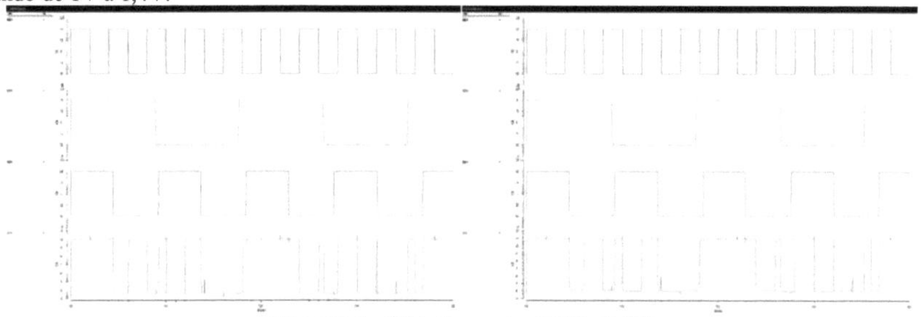

Figura 37(a) e 37(b) - Convencional (1V) e (1,1V)

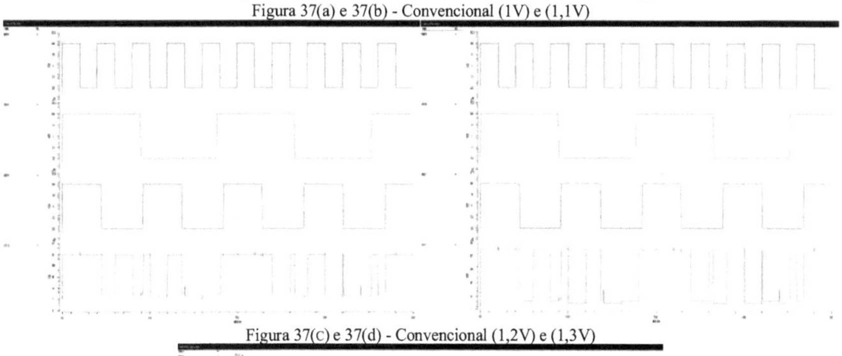

Figura 37(c) e 37(d) - Convencional (1,2V) e (1,3V)

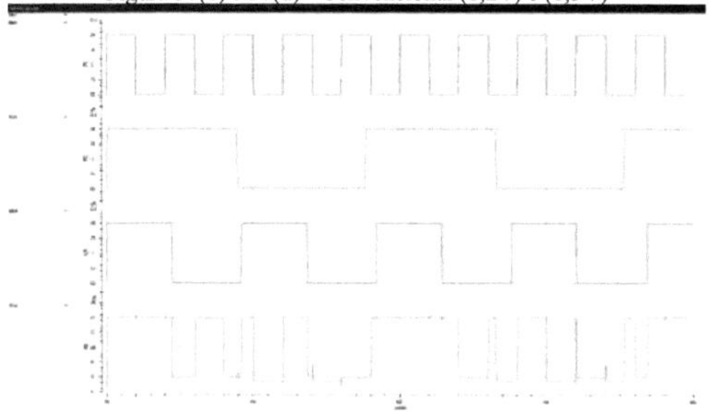

Figura 37(e) - Convencional (1,4V)

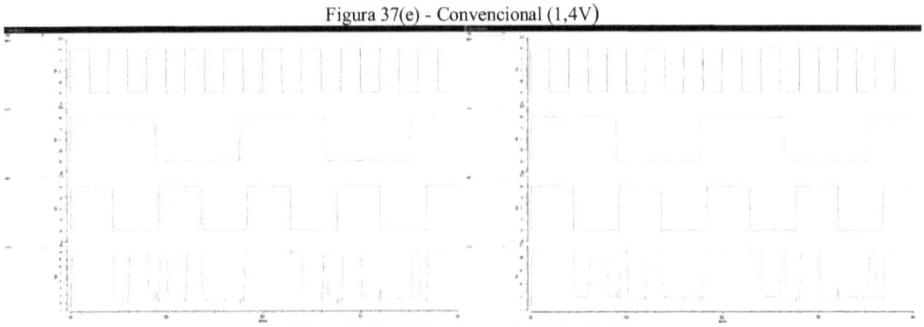

Figura 38(a) e 38(b) - Proposta (1V) e (1,1V)

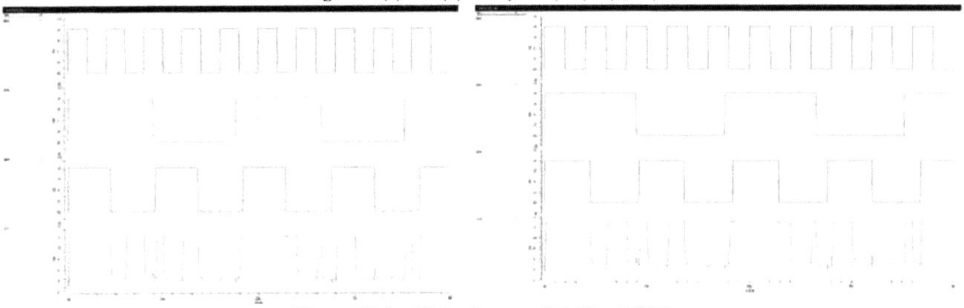

Figura 38(c) e 38(d) - Proposta (1,2 V) e (1,3 V)

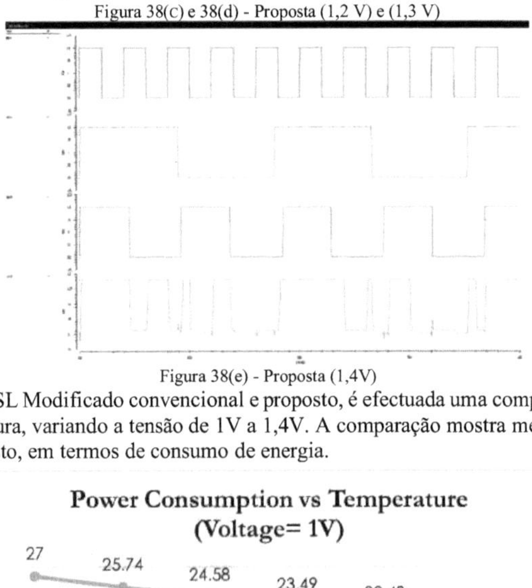

Figura 38(e) - Proposta (1,4V)

Entre os circuitos DCVSL Modificado convencional e proposto, é efectuada uma comparação entre o consumo de energia e a temperatura, variando a tensão de 1V a 1,4V. A comparação mostra melhores resultados para o circuito DCVSL proposto, em termos de consumo de energia.

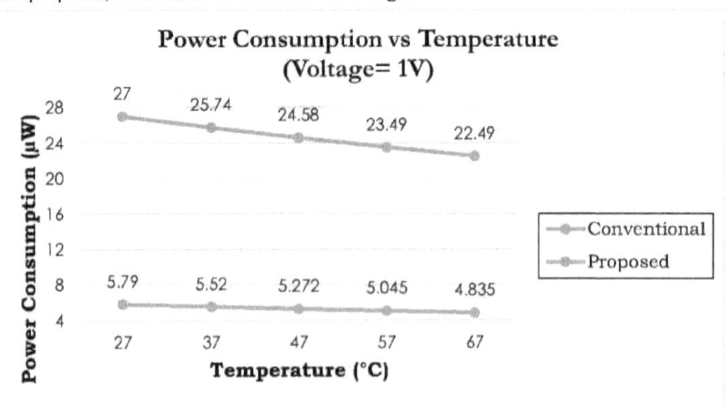

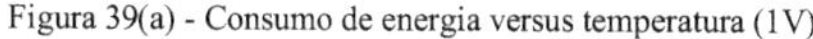

Figura 39(a) - Consumo de energia versus temperatura (1V)

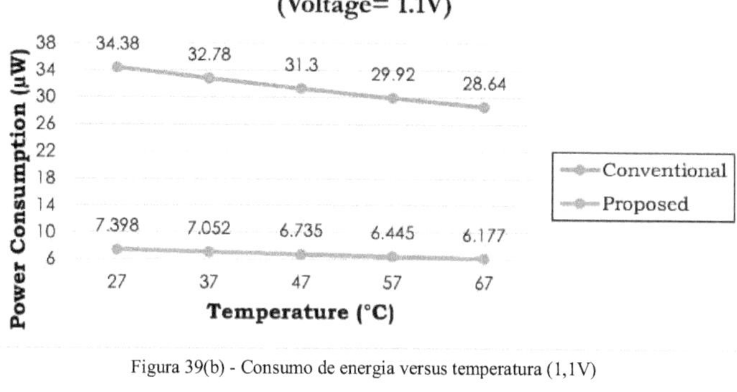

Figura 39(b) - Consumo de energia versus temperatura (1,1V)

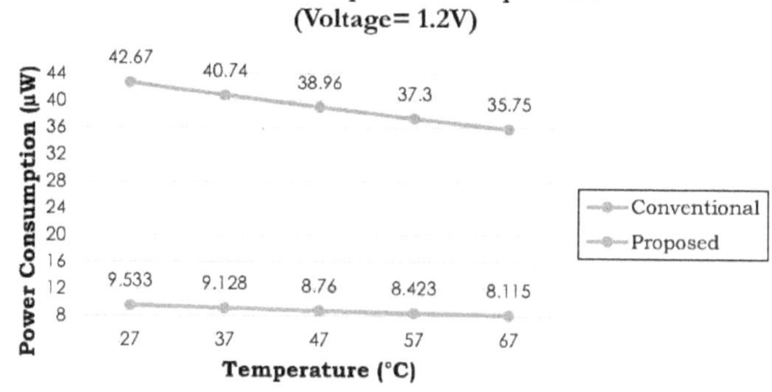

Figura 39(c) - Consumo de energia versus temperatura (1,2V)

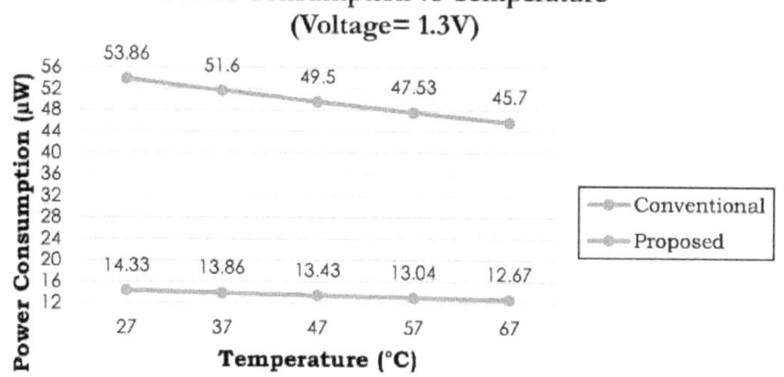

Figura 39(d) - Consumo de energia versus temperatura (1,3 V)

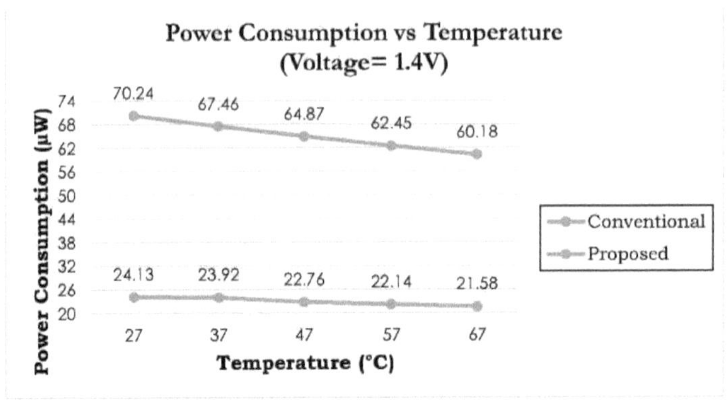

Figura 39(e) - Consumo de energia versus temperatura (1,4V)

Agora, comparamos o atraso com a temperatura.

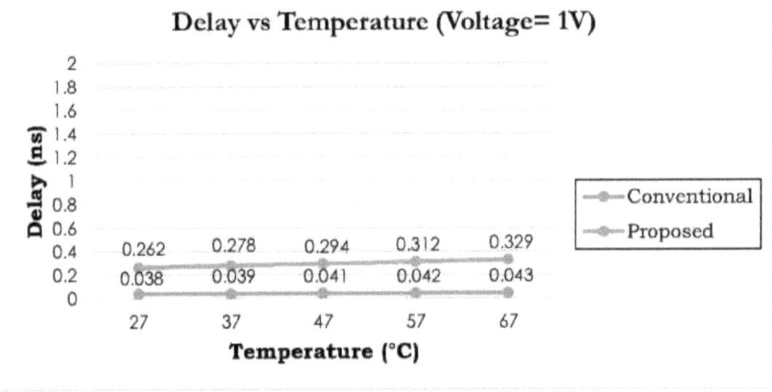

Figura 40(a) - Atraso versus temperatura (1V)

Figura 40(b) - Atraso versus temperatura (1,1V)

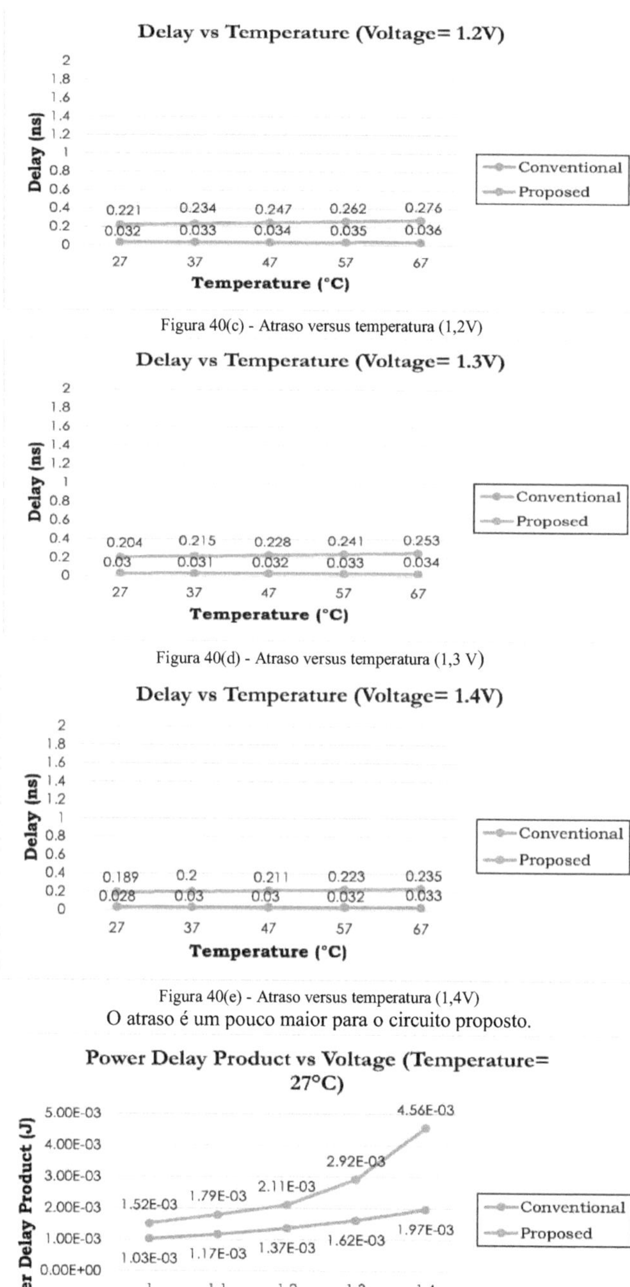

Figura 40(c) - Atraso versus temperatura (1,2V)

Figura 40(d) - Atraso versus temperatura (1,3 V)

Figura 40(e) - Atraso versus temperatura (1,4V)

O atraso é um pouco maior para o circuito proposto.

Figura 41 - Produto de atraso de potência vs. tensão

	Temperatura (°C)	Consumo de energia (uW) (Convencional)					Consumo de energia (uW) (Proposta)				
		1V	1.1V	1.2V	1.3V	1.4V	1V	1.1V	1.2V	1.3V	1.4V
Estático DCVSL	27	2.76	4.03	5.98	10.7	20.6	0.76	0.99	1.62	4.81	12.9
	37	2.98	4.27	6.22	10.9	20.6	0.77	1.01	1.66	4.88	12.9
	47	3.18	4.50	6.46	11.2	20.7	0.78	1.02	1.70	4.95	12.8
	57	3.38	4.70	6.68	11.4	20.8	0.79	1.03	1.74	5.01	12.8
	67	3.56	4.89	6.89	11.6	20.8	0.81	1.05	1.79	5.07	12.7
Dinâmico DCVSL		1V	1.1V	1.2V	1.3V	1.4V	1V	1.1V	1.2V	1.3V	1.4V
	27	13.3	18.3	24.0	32.6	46.2	0.81	1.06	1.79	5.59	15.5
	37	13.1	17.8	23.3	31.6	44.7	0.82	1.08	1.84	5.67	15.4
	47	12.9	17.6	22.6	30.6	43.3	0.84	1.10	1.89	5.75	15.3
	57	12.7	16.9	21.9	29.7	42.0	0.85	1.19	1.95	5.83	15.2
	67	12.4	16.5	21.3	28.9	40.8	0.86	1.14	1.99	5.91	15.1
Modificado DCVSL		1V	1.1V	1.2V	1.3V	1.4V	1V	1.1V	1.2V	1.3V	1.4V
	27	27	34.4	42.7	58.9	70.2	5.79	7.40	9.54	14.3	24.1
	37	25.7	32.8	40.7	51.6	67.5	5.52	7.05	9.13	13.9	23.9
	47	24.6	31.3	38.9	49.5	64.9	5.27	6.74	8.76	13.4	22.8
	57	23.5	29.9	37.3	47.5	62.5	5.05	6.45	8.42	13.0	22.1
	67	22.5	28.6	35.8	45.7	60.2	4.84	6.18	8.12	12.8	21.6

Tabela 8 - Comparação entre as três estruturas DCVSL (Consumo de energia vs. temperatura)

	Temperatura (°C)	Atraso (ns) (Convencional)					Atraso (ns) (Proposta)				
Estático DCVSL		1V	1.1V	1.2V	1.3V	1.4V	1V	1.1V	1.2V	1.3V	1.4V
	27	0.07	0.08	0.08	0.08	0.08	0.11	0.09	0.09	0.09	0.09
	37	0.08	0.08	0.08	0.08	0.09	0.11	0.10	0.10	0.09	0.09
	47	0.08	0.08	0.08	0.09	0.09	0.11	0.11	0.10	0.10	0.10
	57	0.09	0.09	0.09	0.09	0.10	0.12	0.11	0.11	0.10	0.10
	67	0.09	0.09	0.09	0.10	0.11	0.12	0.12	0.11	0.11	0.11
Dinâmico DCVSL		1V	1.1V	1.2V	1.3V	1.4V	1V	1.1V	1.2V	1.3V	1.4V
	27	15.2	15.1	15.9	15.8	15.7	15.1	15.1	15.1	15.1	15.1
	37	15.2	15.1	15.9	15.8	15.7	15.1	15.1	15.1	15.1	15.1
	47	15.2	15.1	15.9	15.8	15.7	15.1	15.1	15.1	15.1	15.1
	57	15.1	15.1	15.8	15.7	15.7	15.1	15.1	15.1	15.1	15.1
	67	15.1	15.1	15.9	15.8	15.7	15.1	15.1	15.1	15.1	15.1
Modificado DCVSL		1V	1.1V	1.2V	1.3V	1.4V	1V	1.1V	1.2V	1.3V	1.4V
	27	0.04	0.03	0.03	0.03	0.03	0.26	0.24	0.22	0.20	0.19
	37	0.04	0.04	0.03	0.03	0.03	0.28	0.26	0.23	0.22	0.20
	47	0.04	0.04	0.03	0.03	0.03	0.29	0.27	0.28	0.23	0.21
	57	0.04	0.04	0.04	0.03	0.03	0.31	0.29	0.26	0.24	0.22
	67	0.04	0.04	0.04	0.03	0.03	0.33	0.30	0.28	0.25	0.24

Tabela 9 - Comparação entre as três estruturas DCVSL (Atraso vs Temperatura)

Tensão	Produto do atraso de potência (Joules)		
	DCVSL estático	DCVSL dinâmico	DCVSL modificado

	Convencional	Proposta	Convencional	Proposta	Convencional	Proposta
1	2.12E-04	8.03E-05	2.02E-01	1.23E-02	1.03E-03	1.52E-03
1.1	3.02E-04	9.81E-05	2.76E-01	1.61E-02	1.17E-03	1.79E-03
1.2	4.55E-04	1.52E-04	3.62E-01	2.70E-02	1.37E-03	2.11E-03
1.3	8.33E-04	4.38E-04	4.91E-01	8.44E-02	1.62E-03	2.92E-03
1.4	1.69E-03	1.16E-03	6.95E-01	2.34E-01	1.97E-03	4.56E-03

Tabela 10 - Produto de atraso de potência vs. tensão (Temperatura= 27°C)

O consumo de energia para todas as estruturas DCVSL é consideravelmente reduzido nos circuitos propostos, mas o atraso é comparativamente um pouco maior para todos os circuitos propostos. Como se pode ver, para o DCVSL estático, o atraso é maior para o proposto do que para o convencional numa quantidade insignificante, enquanto para o dinâmico é mais ou menos o mesmo. E no caso do DCVSL modificado, podemos claramente assinalar a diferença de atraso entre os circuitos convencional e proposto.

No caso do Produto de Atraso de Potência para os três circuitos DCVSL, verifica-se que os valores são menores tanto para o DCVSL Estático como para o DCVSL Dinâmico, ao passo que para o DCVSL Modificado é maior no caso do circuito proposto.

Capítulo 6

Análise de desempenho dos **circuitos somadores DCVSL** O capítulo anterior termina com a análise de todas as estruturas DCVSL, começando pela estática, depois pela dinâmica e terminando com a modificada. As respostas transitórias são mostradas, juntamente com o consumo de energia e o atraso com variações de temperatura e tensões. O consumo de energia é melhor para as estruturas propostas, enquanto o atraso é comparativamente melhor para as estruturas convencionais. Por conseguinte, o PDP mostra que a DCVSL estática e dinâmica dá melhores resultados de PDP no circuito proposto do que no convencional, ao passo que para a DCVSL modificada é exatamente o contrário.

Agora, estudamos os circuitos somadores completos, implementados utilizando a lógica XOR e XNOR nas estruturas DCVSL, ou melhor, podemos dizer 3 portas XOR implementadas nas estruturas DCVSL.

$$Sum = A \oplus B \oplus Cin$$

$$Cout = Cin(A \oplus B) + A \cdot (A \odot B)$$

Aqui, são utilizadas 3 entradas, nomeadamente (a, b, C_{in}) e 2 saídas Sum e C_{out}. As entradas complementares a1 e C_{in1} são também adicionadas utilizando inversores separados. Existe também uma saída complementar C_{out1}. Para além dos numerosos transístores das estruturas DCVSL, existem ainda muitos outros transístores que formam o circuito somador, incluindo PMOS e NMOS. A primeira porta XOR, cuja entrada "b" está ligada à fonte de um PMOS e à porta de outro PMOS, tem uma relação (W/L) de ambos os PMOS de (2400nm/120nm) e (3600/120nm), ou seja, 20:1 e 30:1, respetivamente, e o NMOS tem uma relação de 120nm/120nm, ou seja, 1:1. Da mesma forma, a entrada 'C_{in}' tem ambos os seus PMOS na proporção 20:1 e 30:1, respetivamente, e NMOS como 1:1. O resto dos outros transístores estão na relação padrão, ou seja, 1:1, incluindo os inversores separados. Isto aplica-se aos circuitos convencionais de todos os circuitos DCVSL.

Nos circuitos propostos para todos os somadores DCVSL, a técnica de empilhamento é utilizada para reduzir a fuga em espera, ou seja, a corrente de fuga sublimiar, o que acaba por reduzir a dissipação de energia. Para compreender o conceito, a Figura 38 mostra uma porta NAND de duas entradas.

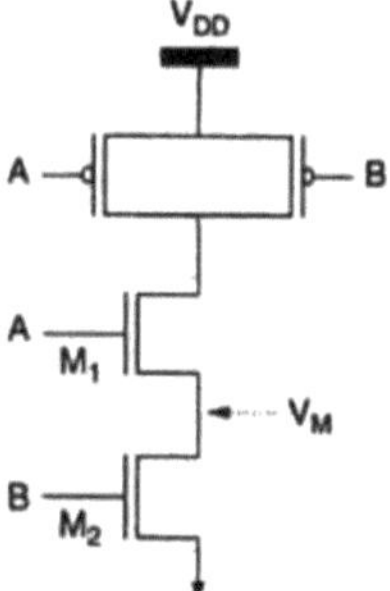

Figura 42 - Efeito de empilhamento numa porta NAND de 2 entradas

Devido a uma pequena corrente de dreno, a tensão no nó intermédio (V_M) é positiva quando M1 e M2 estão desligados [27]. Por conseguinte, devido a este potencial positivo no nó intermédio, tem os seguintes 3 efeitos

- O V_{gsi} de M_i torna-se negativo devido ao potencial positivo da fonte V_M, resultando assim na redução da corrente sublimiar.
- O V_{bsi} de M_i diminui, o que resulta na redução da corrente sublimiar através do aumento da tensão limiar (efeito de corpo mais forte), quando $V_M > 0$.
- A V_{dsi} de M_i diminui, o que resulta na redução da corrente sublimiar através do aumento da tensão limiar (menos DIBL), quando $V_M > 0$.

Por conseguinte, tal como proposto em [28], a fuga de um circuito de pilha é menor do que a de um único transístor.

Neste capítulo, lidamos com os mesmos parâmetros propostos anteriormente, mas desta vez é apenas o somador que está a ser adicionado a todas as estruturas DCVSL. Aqui também optamos pelo parâmetro potência-atraso-produto (PDP), uma vez que o parâmetro consumo de energia é melhor para o circuito proposto, enquanto o parâmetro atraso é melhor para os convencionais.

Agora, voltando aos circuitos somadores, temos o seguinte em todos os três -

Para a entrada 'a', o 'Período' é mantido em 42ns e a 'Largura de pulso' em 22ns.

Para a entrada 'b', o 'Período' é mantido em 23ns e a 'Largura de pulso' em 11ns.

Para a entrada 'Cin', o 'Período' é mantido em 15ns e a 'Largura de pulso' em 8ns.

> (6.1) Somador DCVSL estático -

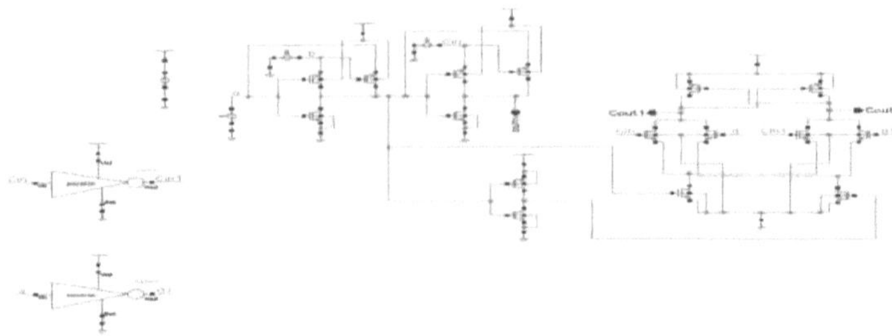

Figura 43(a) - Somador DCVSL estático convencional

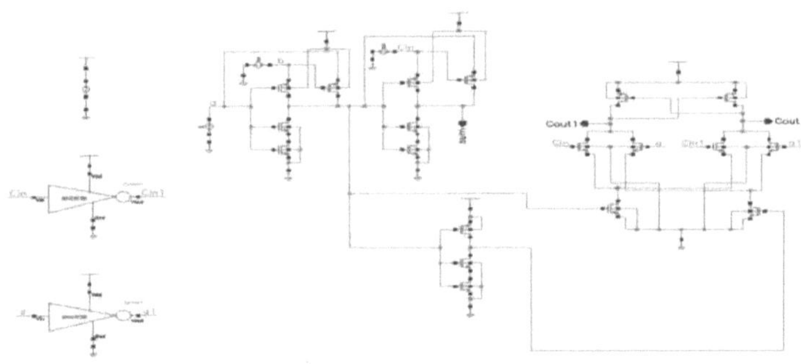

Figura 43(b) - Somador DCVSL estático proposto

O circuito proposto difere do convencional pela técnica de empilhamento. O empilhamento é usado aqui, o que inclui um NMOS extra com a relação (W/L) de 120nm/120nm, ou seja, 1:1 nas 3 portas XOR. O resto da configuração permanece a mesma.

As respostas transitórias são mostradas abaixo -

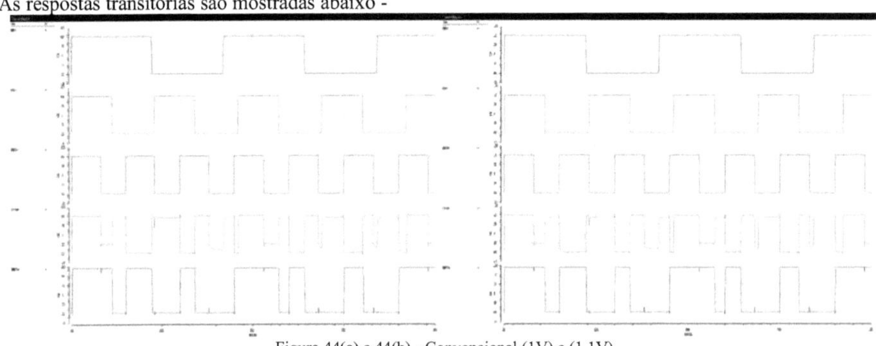

Figura 44(a) e 44(b) - Convencional (1V) e (1,1V)

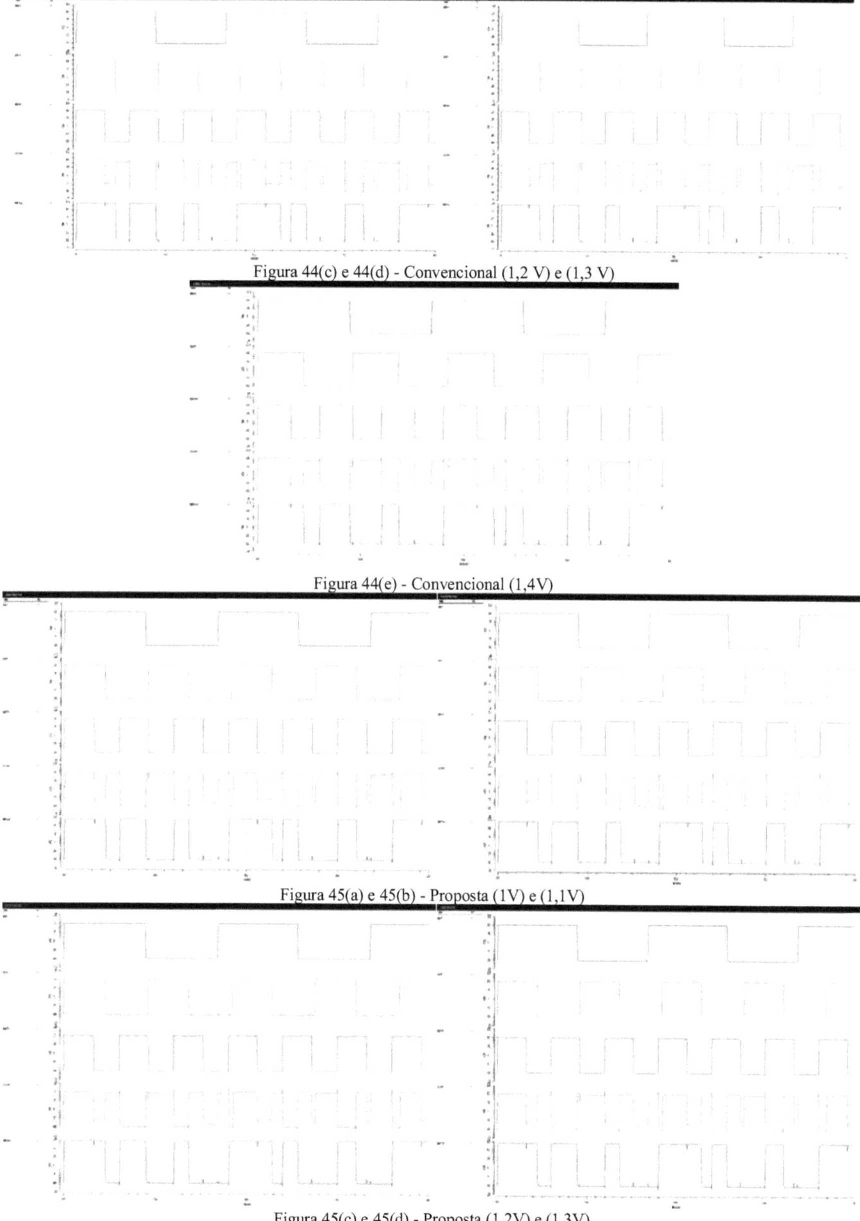

Figura 44(c) e 44(d) - Convencional (1,2 V) e (1,3 V)

Figura 44(e) - Convencional (1,4V)

Figura 45(a) e 45(b) - Proposta (1V) e (1,1V)

Figura 45(c) e 45(d) - Proposta (1,2V) e (1,3V)

Figura 45(e) - Proposta (1,4V)

Agora, fazemos a análise mantendo parâmetros como consumo de energia, temperatura, atraso, voltagem. Em primeiro lugar, é feita a análise entre o consumo de energia e a temperatura, mantendo a tensão constante em 1,2V. Aqui podemos ver que o circuito proposto de todas as estruturas DCSVL produz melhores resultados em termos de consumo de energia ao diminuir o seu valor.

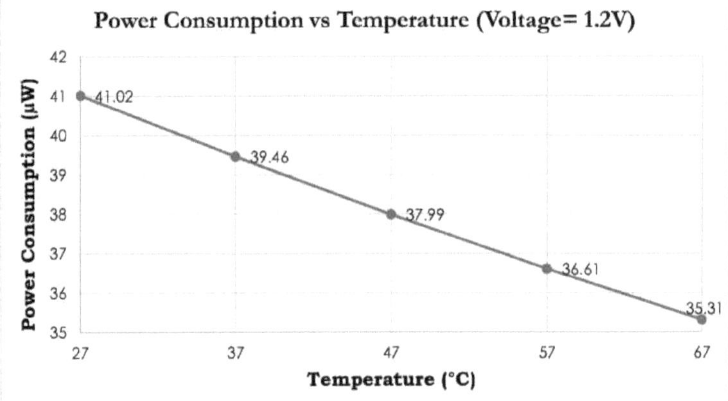

Figura 46(a) - Consumo de energia convencional versus temperatura

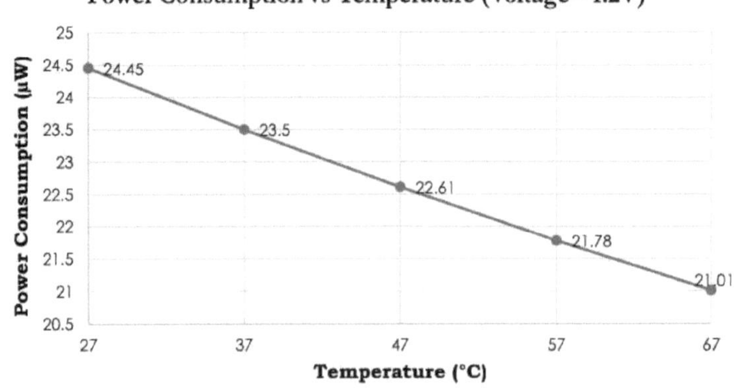

Figura 46(b) - Consumo de energia proposto versus temperatura

Agora, fazemos a análise do atraso versus temperatura, mantendo a tensão igual a 1,2V. Aqui, vemos que o circuito convencional tem melhor resultado do que o proposto, em termos de atraso.

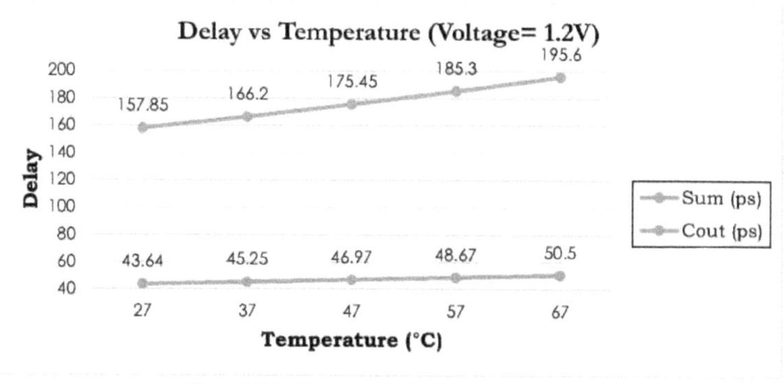

Figura 47(a) - Atraso convencional versus temperatura

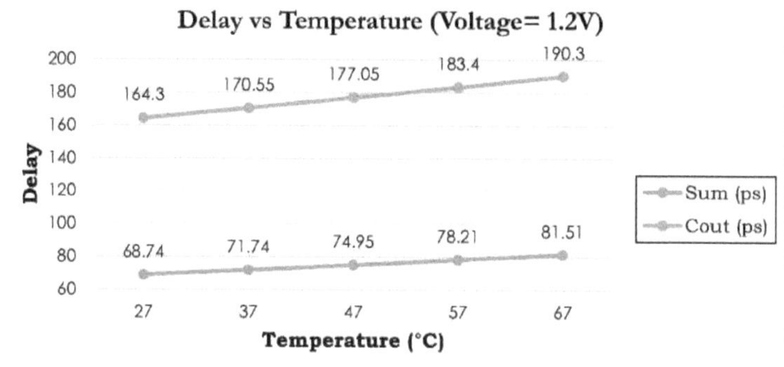

Figura 47(b) - Atraso proposto versus temperatura

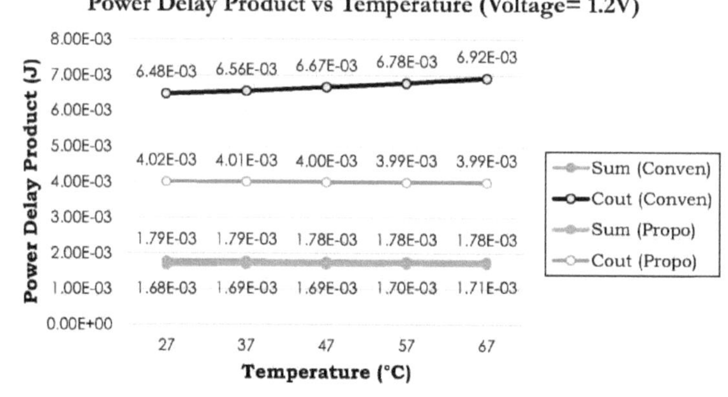

Figura 48 - Produto de atraso de potência versus temperatura

> (6.2) Somador DCVSL dinâmico -

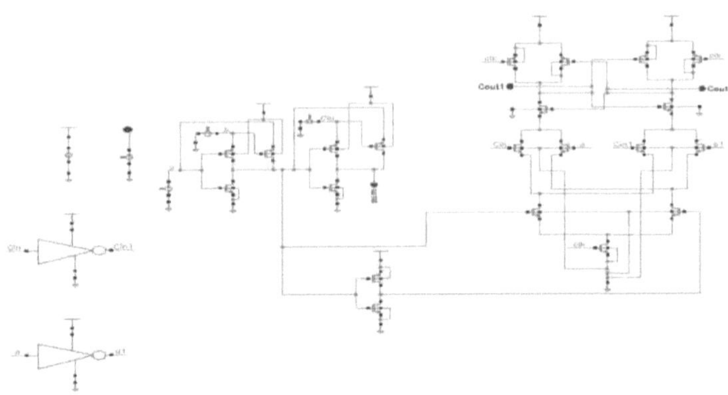

Figura 49(a) - Somador DCVSL dinâmico convencional

No somador DCVSL dinâmico convencional, é utilizado um relógio cujo valor de atraso é de 10ns. Tirando a estrutura DCVSL, a parte restante do esquema é exacta e os valores dos transístores também são os mesmos.

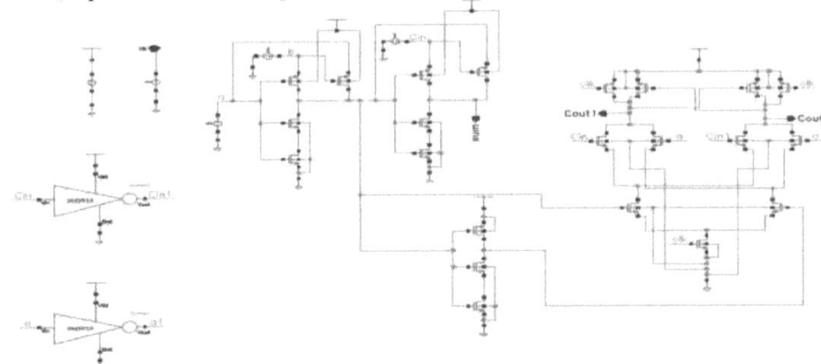

Figura 49(b) - Somador DCVSL dinâmico proposto

Neste circuito, é utilizado o empilhamento. A primeira porta XOR, com a entrada 'b' ligada à fonte de um PMOS e à porta de outro PMOS, tem a relação (W/L) de ambos os PMOS como (1200nm/120nm) e (1800/120nm), ou seja, 10:1 e 15:1, respetivamente, e o NMOS tem 120nm/120nm, ou seja, 1:1 na relação. Da mesma forma, a entrada 'Cin' tem ambos os seus PMOS na proporção 10:1 e 15:1, respetivamente, e NMOS como 1:1. A unidade de empilhamento abaixo tem PMOS na relação (W/L) 180nm/120nm, ou seja, 1,5/1 e a relação (W/L) do NMOS é 120nm/120nm, ou seja, 1:1.

As respostas transitórias são mostradas abaixo -

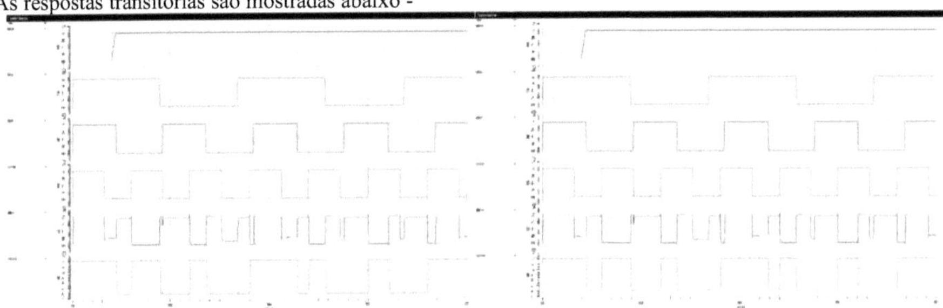

Figura 50(a) e 50(b) - Convencional (1V) e (1,1V)

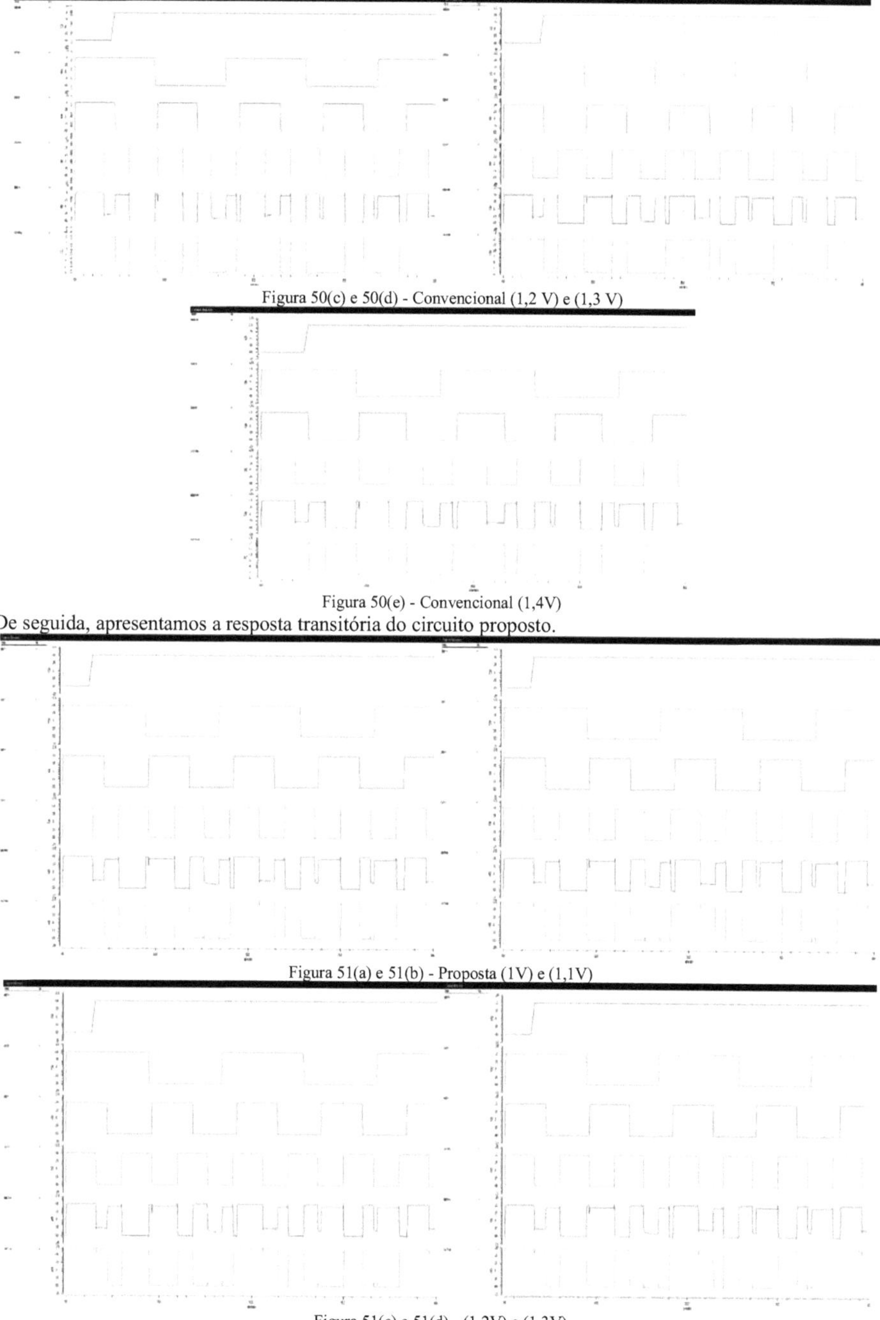

Figura 50(c) e 50(d) - Convencional (1,2 V) e (1,3 V)

Figura 50(e) - Convencional (1,4V)

De seguida, apresentamos a resposta transitória do circuito proposto.

Figura 51(a) e 51(b) - Proposta (1V) e (1,1V)

Figura 51(c) e 51(d) - (1,2V) e (1,3V)

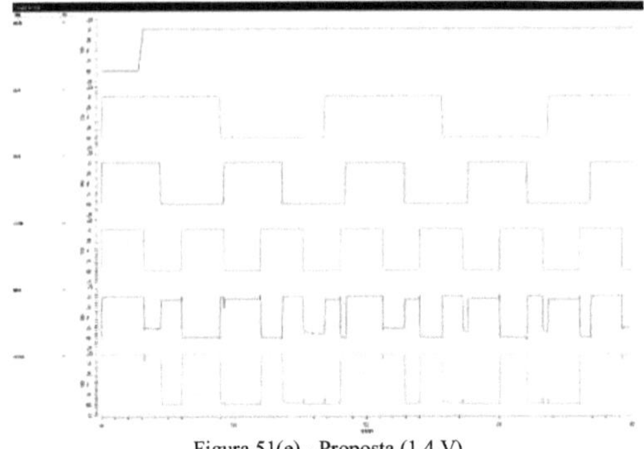

Figura 51(e) - Proposta (1,4 V)

Agora, o consumo de energia é calculado mantendo a tensão constante em 1,2V.

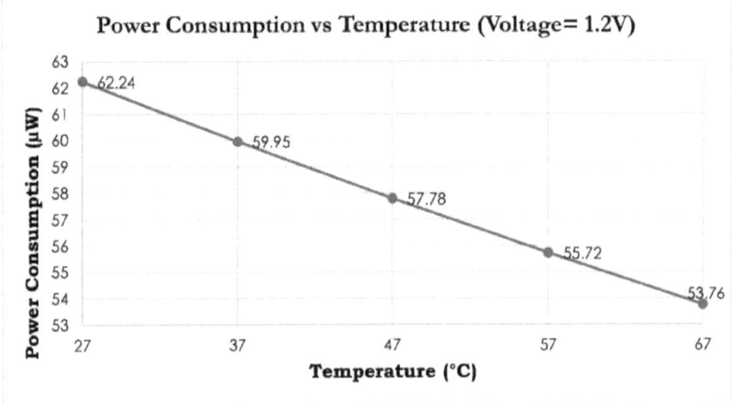

Figura 52(a) - Consumo de energia convencional versus temperatura

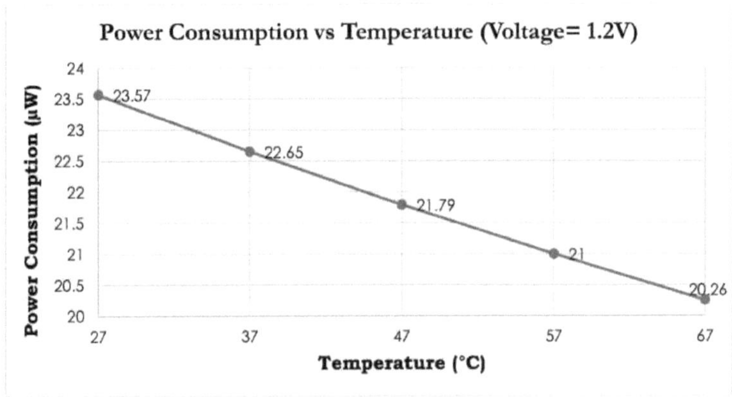

Figura 52(b) - Consumo de energia proposto versus temperatura

O atraso é mostrado abaixo -

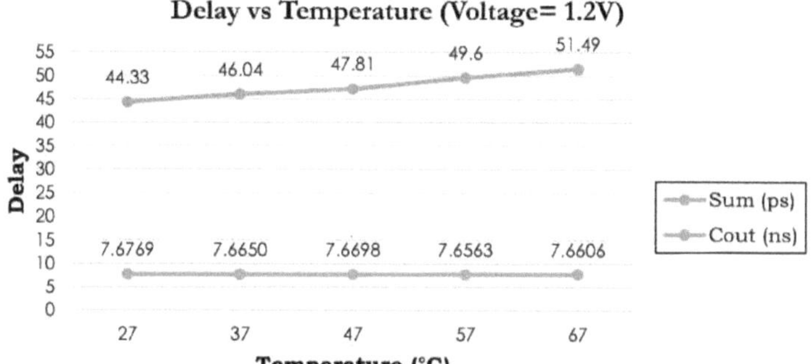

Figura 53(a) - Atraso convencional versus temperatura

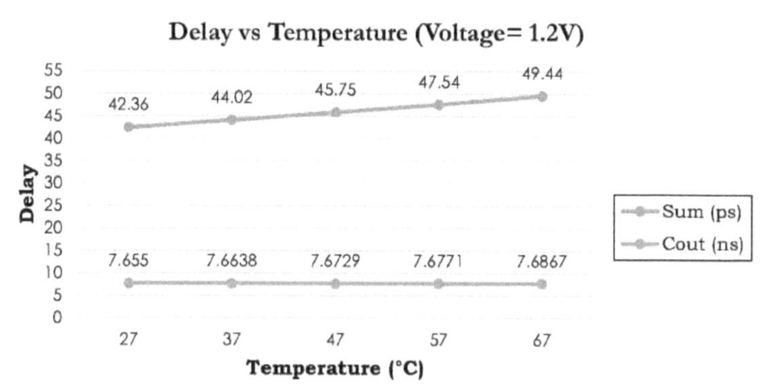

Figura 53(b) - Atraso proposto versus temperatura

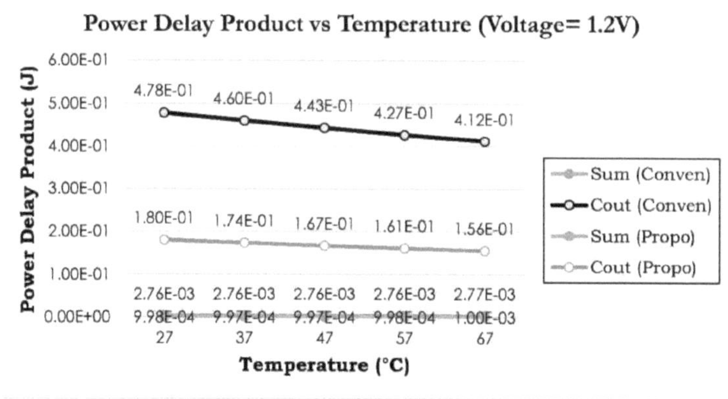

Figura 54 - Produto de atraso de potência vs. tensão (Temperatura= 27C)

> (6.3) Somador DCVSL modificado -

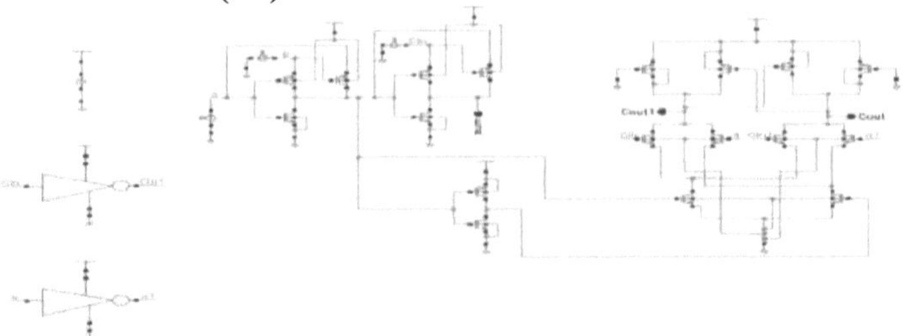

Figura 55(a) - Somador DCVSL convencional modificado

Os valores de todos os transístores estão no mesmo formato que o circuito DCVSL dinâmico.

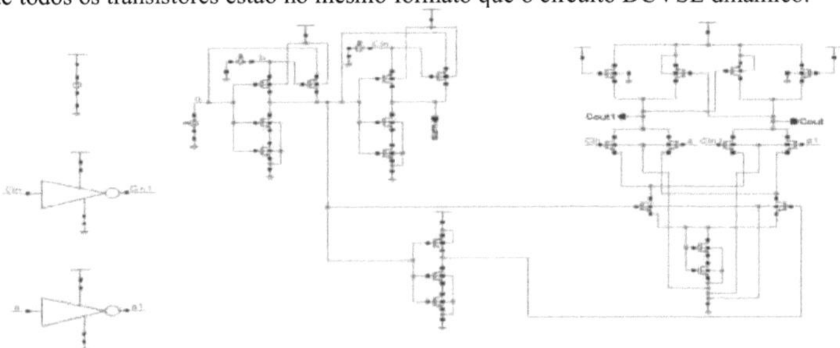

Figura 55(b) - Somador DCVSL modificado proposto

Neste caso, é utilizado o empilhamento. O transístor NMOS extra adicionado ao efeito de empilhamento tem o seu rácio (W/L) de 1:1, uma vez que é 120nm/120nm. A ligação ao longo da entrada "b" e "Cin" tem o mesmo valor de transístor que o circuito convencional. Mas, a parte DCVSL proposta para este circuito somador tem uma relação PMOS (W/L) de 1:1, uma vez que é 120nm/120nm e para NMOS é 1:5, uma vez que é 120nm/600nm.

As respostas transitórias são -

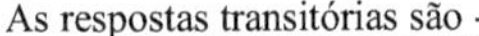

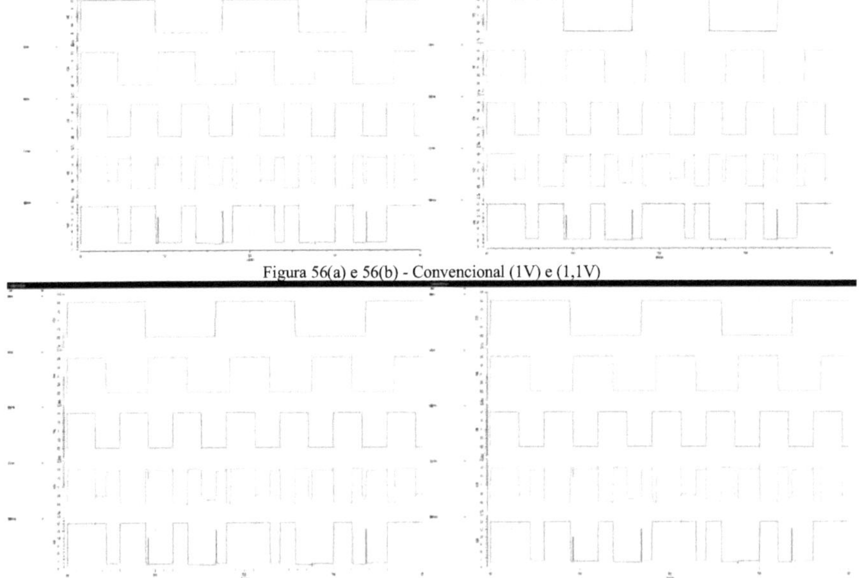

Figura 56(a) e 56(b) - Convencional (1V) e (1,1V)

Figura 56(c) e 56(d) - Convencional (1,2 V) e (1,3 V)

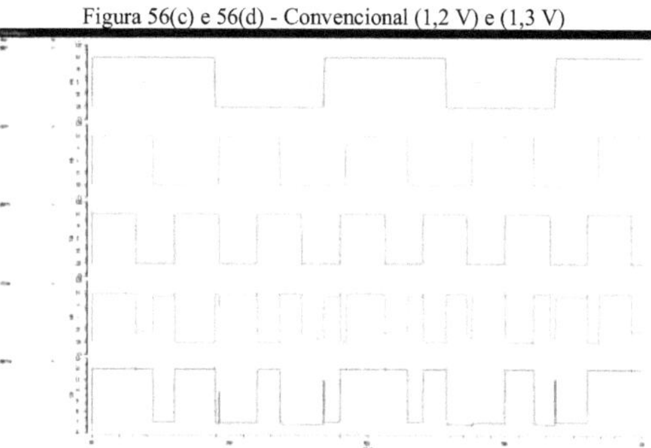

Figura 56(e) - Convencional (1,4V)

Aqui estão as respostas transientes propostas -

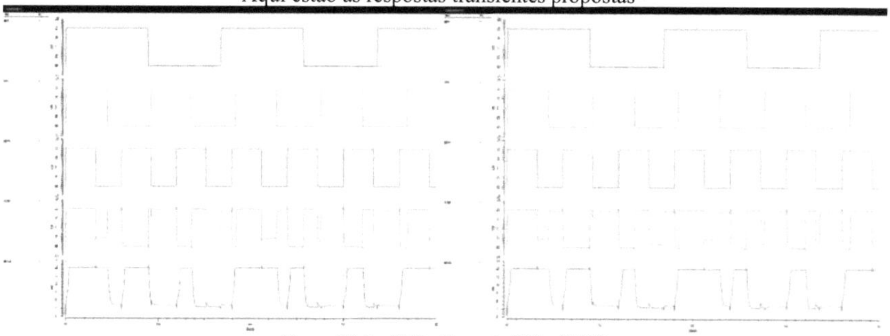

Figura 57(a) e 57(b) - Proposta (1V) e (1,1V)

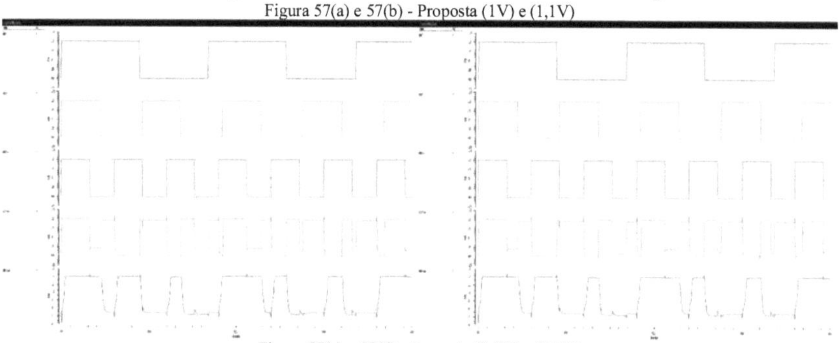

Figura 57(c) e 57(d) - Proposta (1,2V) e (1,3V)

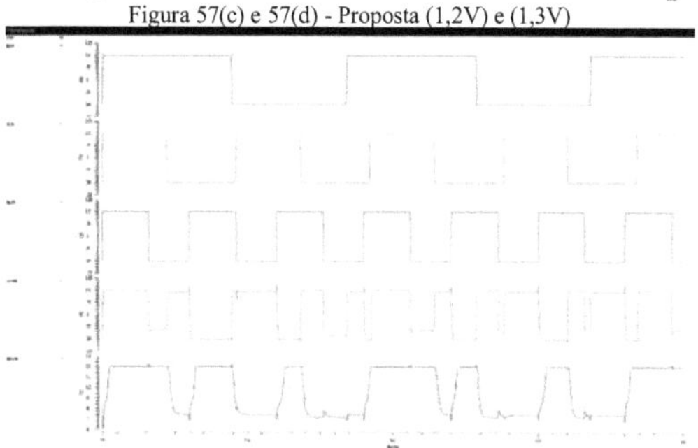

Figura 57(e) - Proposta (1,4V)

Aqui estão os resultados do consumo de energia versus temperatura, mantendo a tensão constante em 1,2V.

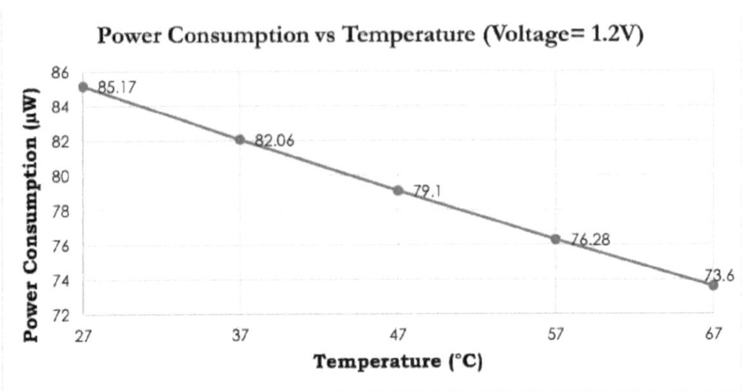

Figura 58(a) - Consumo de energia convencional versus temperatura

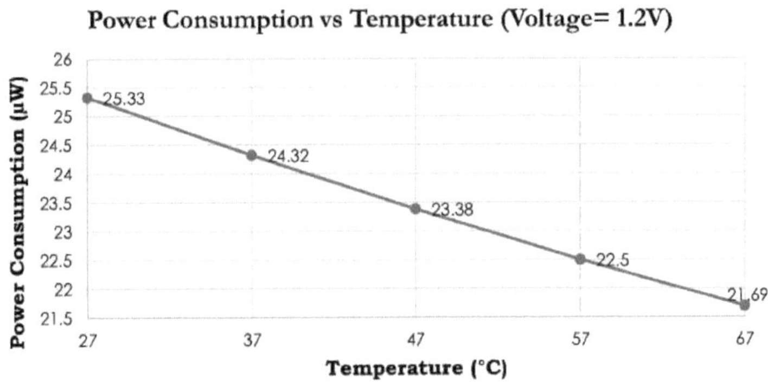

Figura 58(b) - Consumo de energia proposto versus temperatura

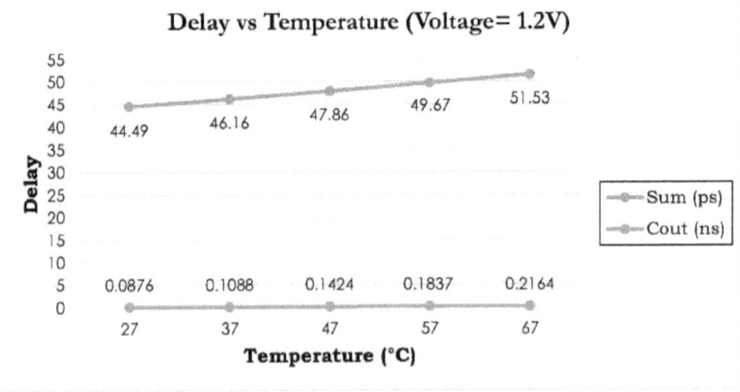

Figura 59(a) - Atraso convencional versus temperatura

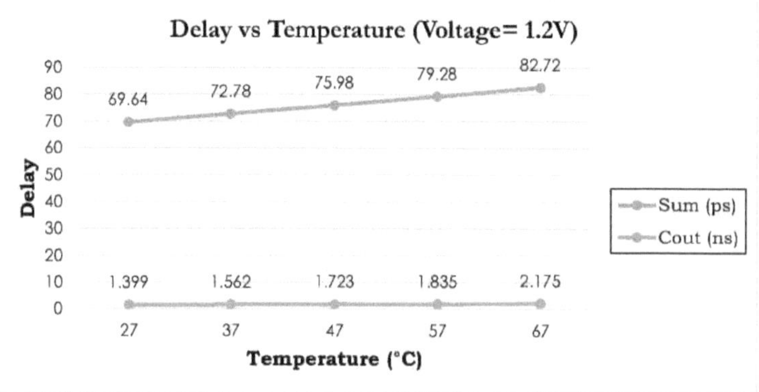

Figura 59(b) - Atraso proposto versus temperatura

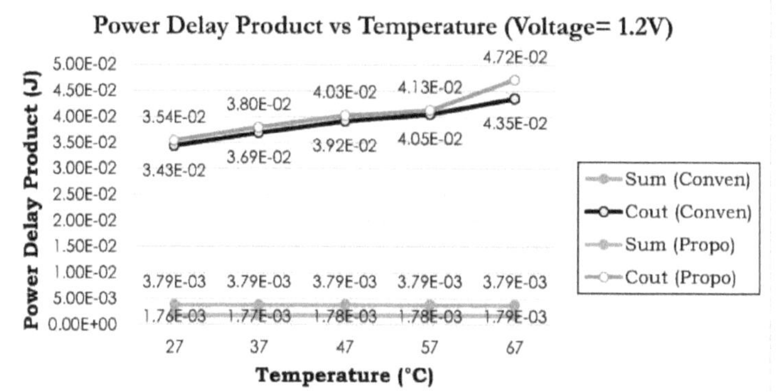

Figura 60 - Produto de atraso de potência versus temperatura

Temperatura	Consumo de energia (^W)					
	DCVSL estático		DCVSL dinâmico		DCVSL modificado	
	Convencional	Proposta	Convencional	Proposta	Convencional	Proposta
27	41.02	24.45	62.24	23.57	85.17	25.33
37	39.46	23.5	59.95	22.65	82.06	24.32
47	37.99	22.61	57.78	21.79	79.10	23.38
57	36.61	21.78	55.72	21.00	76.28	22.50
67	35.31	21.01	53.76	20.26	73.60	21.69

Tabela 11 - Consumo de energia versus temperatura (1,2V)

Temperatura	Atraso (ns) para a soma					
	DCVSL estático		DCVSL dinâmico		DCVSL modificado	
	Convencional	Proposta	Convencional	Proposta	Convencional	Proposta
27	0.04364	0.06874	0.04433	0.04236	0.04449	0.04821
37	0.04525	0.07174	0.04604	0.04402	0.04616	0.05028
47	0.04697	0.07495	0.04781	0.04575	0.04786	0.05188
57	0.04867	0.07821	0.04960	0.04754	0.04967	0.05379
67	0.05050	0.08151	0.05196	0.04944	0.05153	0.05565

Tabela 12 - Atraso vs Temperatura para Soma (Tensão= 1,2V)

Temperatura	Atraso (ns) para Cout					
	DCVSL estático		DCVSL dinâmico		DCVSL modificado	
	Convencional	Proposta	Convencional	Proposta	Convencional	Proposta
27	0.15785	0.16430	7.6769	7.6550	0.0876	1.399
37	0.16620	0.17055	7.6650	7.6638	0.1088	1.562
47	0.17545	0.17705	7.6698	7.6729	0.1424	1.723
57	0.18530	0.18340	7.6563	7.6771	0.1837	1.835
67	0.19560	0.19030	7.6606	7.6867	0.2164	2.175

Tabela 13 - Atraso vs. Temperatura para Cout (Tensão= 1,2 V)

Temperatura	Produto do atraso de potência (Joules) para a soma					
	DCVSL estático		DCVSL dinâmico		DCVSL modificado	
	Convencional	Proposta	Convencional	Proposta	Convencional	Proposta
27	1.79E-03	1.68E-03	2.76E-03	9.98E-04	3.79E-03	1.76E-03
37	1.79E-03	1.69E-03	2.76E-03	9.97E-04	3.79E-03	1.77E-03
47	1.78E-03	1.69E-03	2.76E-03	9.97E-04	3.79E-03	1.78E-03
57	1.78E-03	1.70E-03	2.76E-03	9.98E-04	3.79E-03	1.78E-03
67	1.78E-03	1.71E-03	2.77E-03	1.00E-04	3.79E-03	1.79E-03

Tabela 14 - Produto de atraso de potência versus temperatura para soma (tensão= 1,2 V)

Temperatura	Produto do atraso de potência (Joules) para Cout					
	DCVSL estático		DCVSL dinâmico		DCVSL modificado	
	Convencional	Proposta	Convencional	Proposta	Convencional	Proposta
27	6.48E-03	4.02E-03	4.78E-01	1.80E-01	3.43E-02	3.54E-02
37	6.56E-03	4.01E-03	4.60E-01	1.74E-01	3.69E-02	3.80E-02
47	6.67E-03	4.00E-03	4.43E-01	1.67E-01	3.92E-02	4.03E-02
57	6.78E-03	3.99E-03	4.27E-01	1.61E-01	4.05E-02	4.13E-02
67	6.92E-03	3.99E-03	4.12E-01	1.56E-01	4.35E-02	4.72E-02

Tabela 15 - Produto de atraso de potência vs. temperatura para Cout (tensão= 1,2 V)

O consumo de energia para todos os três circuitos somadores DCVSL é menor no caso dos circuitos propostos do que no caso dos circuitos convencionais.

Para o atraso da saída Sum, o DCVSL estático e o DCVSL modificado estão a ter os seus valores mais elevados no caso do circuito proposto do que no circuito convencional. E, para o atraso da saída Cout, os atrasos de todos os circuitos propostos estão a ter mais valor do que o convencional.

No caso do Power Delay Product, os PDPs de todas as estruturas DCVSL em árvore para a saída Sum, estão a ter menos valor para o circuito proposto do que para o convencional. E para a saída Cout, com exceção do valor da DCVSL modificada, as restantes duas estruturas DCVSL têm um valor inferior no caso do circuito proposto.

De seguida, apresenta-se o esquema de todas as estruturas do somador DCVSL, que inclui tanto as convencionais como as propostas.

(6.4) Layouts -

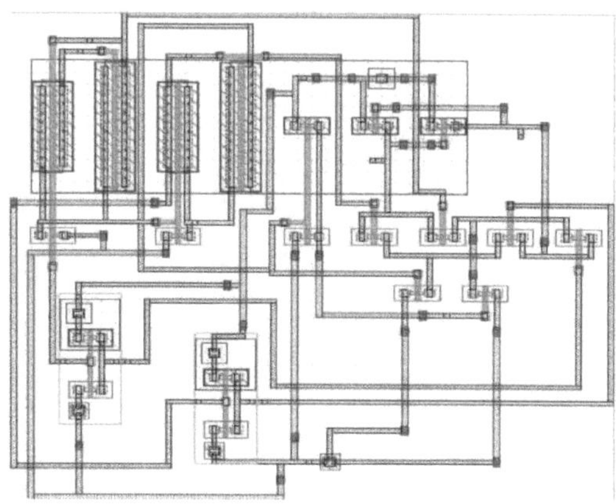

Figura 61 - Somador DCVSL estático convencional

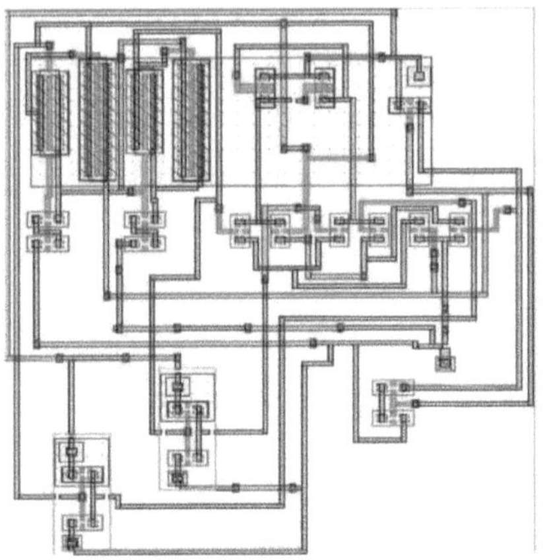

Figura 62 - Somador DCVSL estático proposto

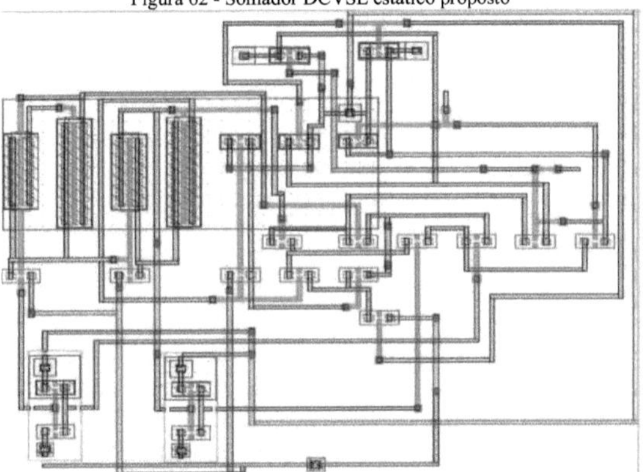

Figura 63 - Somador DCVSL dinâmico convencional

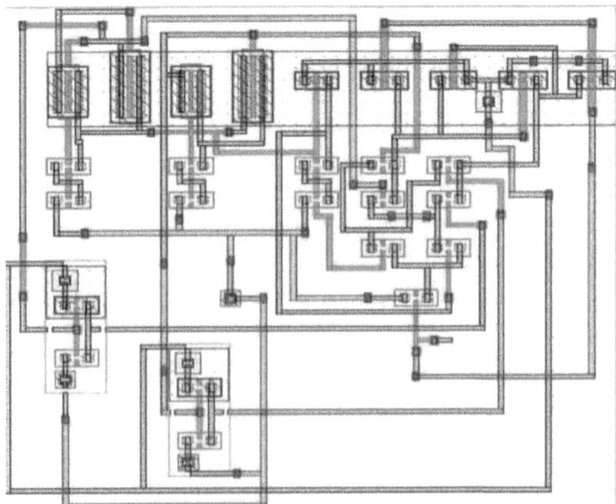

Figura 64 - Somador DCVSL dinâmico proposto

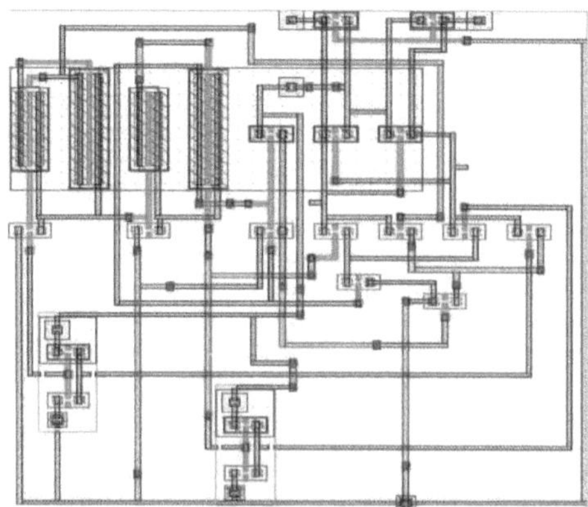
Figura 65 - Somador DCVSL Modificado Convencional

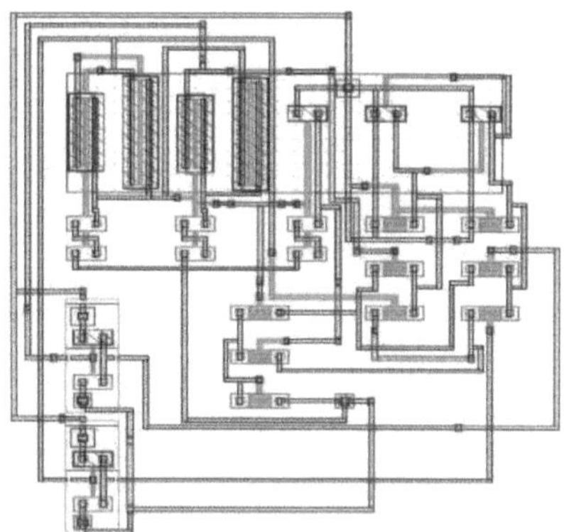
Figura 66 - Somador DCVSL modificado proposto

	Somador DCVSL estático		Somador DCVSL dinâmico		Somador DCVSL modificado	
	Convencional	Proposta	Convencional	Proposta	Convencional	Proposta
Área (um)²	203.01	235.85	190.44	213.01	228.53	263.13
N.º de transístores	20	23	25	26	22	27

Tabela 16 - Comparação da área e do número de transístores dos circuitos somadores

Como se pode ver, o número de transístores aumentou um pouco nos circuitos propostos, pelo que a área obtida com a disposição é também um pouco maior nos circuitos propostos.

Conclusão

Para circuitos de baixa fuga e alta velocidade, os dois factores importantes são a velocidade e a potência. No entanto, a principal desvantagem é que, quando se opta pela velocidade, a potência é reduzida. E no caso seguinte, quando o consumo de energia é melhorado, o atraso é maior nesse caso. Por conseguinte, optamos pelo produto do atraso em termos de potência, que é o que melhor determina o circuito eficiente que combina os dois parâmetros, mantendo outros factores como a tensão e a temperatura.

Quando o consumo de energia é considerado, ao longo da temperatura, verificamos que todas as três estruturas DCVSL produzem melhores resultados no caso do circuito proposto do que no convencional, sendo a melhor delas a DCVSL estática; enquanto que quando o atraso é medido ao longo das várias temperaturas, apenas a DCVSL dinâmica produz melhores resultados no caso do circuito proposto do que no convencional, e o atraso das outras duas estruturas DCVSL é um pouco maior para o circuito proposto do que para o convencional (ou seja, DCVSL estática e DCVSL modificada).

Agora, considerando o produto de atraso de potência para estas três estruturas, verificamos que o PDP é menor para os circuitos propostos no caso do DCVSL estático e dinâmico, enquanto que para o DCVSL modificado, é maior para o circuito proposto.

Relativamente aos circuitos somadores DCVSL, que são implementados utilizando as três estruturas DCVSL anteriores, verificamos que o consumo de energia é menor no caso do circuito proposto para todas estas estruturas somadoras. Como se trata de um circuito somador, tem duas saídas, ou seja, Sum e Cout. Assim, o atraso é calculado separadamente. A partir da análise, verificamos que o atraso para a soma é menor no caso do somador dinâmico DCSVL do que nas outras duas estruturas DCVSL. Para Cout, os valores são mais elevados para todas as três estruturas DCVSL, sendo a Dynamic DCVSL a que apresenta o valor mais elevado.

No cálculo do produto de atraso de potência (PDP) para todos estes circuitos somadores, verifica-se que os circuitos propostos de todos eles têm menos valor do que o convencional e que o somador DCVSL dinâmico é o que tem menos valor entre eles, para a soma de saída. Para a saída Cout, com exceção do somador DCVSL modificado, os outros dois somadores DCVSL têm menos valor no circuito proposto do que no convencional. E, entre eles, o DCVSL Estático está a ter um valor menor do que o Dinâmico, o que determina um melhor PDP para Cout, neste caso.

Os layouts de todos os circuitos somadores também são feitos considerando tanto os convencionais quanto os propostos. É feita uma análise com os parâmetros área e número de transístores, que mostra que a área é menor para o somador DCVSL dinâmico do que os restantes e o número de transístores é menor para o DCVSL estático do que os restantes dois.

Assim, tendo em conta todos os cenários, não podemos especificar uma determinada estrutura DCVSL como sendo a melhor, uma vez que, para parâmetros diferentes, o resultado é efetivamente diferente, tendo em conta toda a análise anterior. Dependendo dos requisitos, podemos utilizar a estrutura DCVSL específica que melhor se adapta à situação, ou seja, o parâmetro específico que fornece o menor valor para o mesmo. Nalguns casos, a DCVSL estática pode ser a melhor opção e, noutros casos, uma das outras duas pode ser a melhor opção.

Este trabalho completa a tese.

Bibliografia

- L. G. Heller e W. R. Griffin, "Cascode voltage switch logic: Uma família de lógica CMOS diferencial", em ISSCC Dig. Tech. Papers, 1984, pp. 16-17.
- R. K. Montoye, "Testing scheme for differential cascode voltage switch circuits", IBM Tech. Disc. Bull, vol. 27, pp. 6148-6152, 1985.
- C. K. Erdelyi, "Random logic design utilizing single-ended cascode voltage switch circuits in NMOS," IEEE J. Solid-State Circuits, vol. SC-20, pp. 591-594, Abr.1985.
- K. M. Chu, D. L. Pulfrey, "A Comparison of CMOS Circuit Techniques: Differential Cascode Voltage Switch Logic Versus Conventional Logic", IEEE J. Solid-State Circuits, v01.22, pp.528-532, agosto de 1987.
- R. K. Brayton e C. McMullen, "The decomposition and factorization of Boolean expressions," m Proc. IEEE Int. Symp. Circuits Syst. (Roma, Itália), 1982, pp. 49-54.
- S. Muroga, Logic Design and Switching Theory. New York: Wiley, 1979, pp. 163-180.
- J. M. Rabaey, A. Chandrakasan, B. Nicolic, "Digital Integrated Circuits," 2nd Edition, Prentice-Hall, 2003.
- M. Renaudin e B. E. Hassan, "The Design of Fast Asynchronous Adder Structures and Their Implementation Using DCVSL Logic", Proceedings International Symposium on Circuits and Systems, 1994.
- K. Chu e D. Pulfery, "Design Procedures for Differential Cascade Voltage Switch Circuits," IEEE Journal of Solid-State Circuits, vol. 21, pp. 1082-1087, dezembro de 1986.
- K. Chu e D. Pulfery, "A Comparison of CMOS Circuit Techniques: Differential Cascode Voltage Switch Logic versus Conventional Logic", IEEE Journal of Solid-State Circuits, vol. 22, pp. 528-532, agosto de 1987.
- M. Shams, "Modelling and Optimization of CMOS Logic Circuits with Application to Asynchronous Design," Tese de doutoramento, Universidade de Waterloo, 1999.
- M. Shams, M. Elmasry, "A Formulation for Quick Evaluation and Optimization of Digital CMOS Circuits," in IEEE International Symposium on Circuits and Systems, ISCAS-99, junho de 1999.
- A. Bellaouar, Mohamed I. Elmasry, "Low-power digital VLSI design: circuits and systems", 2nd Edition.
- Kang, Sung-Mo, Leblebici, Yusuf, "CMOS Digital Integrated Circuits Analysis and Design", McGraw-Hill International Editions, Boston, 2.ª edição, 1999.
- T. Sakurai e R. Newton, "Alpha-power Law MOSFET Model and its Application to CMOS Inverter Delay and Other Formulas," IEEE Journal of Solid-State Circuits, vol.25, pp. 584-594, abril de 1990.
- Krambeck, R.H., Lee, C.M. e Law, H.S, "High-speed Compact Circuits with CMOS," IEEE J. Solid State Circuits, Vol. SC-17, No. 3; junho, 1982.
- D. Z. Turker,, S. P. Khatri , "A DCVSL Delay Cell for Fast Low Power Frequency Synthesis Applications", IEEE transactions on circuits and systems, June 2011, vol. 58, no. 6, pp. 1125-1138.
- F-s Lai e W Hwang, "Design and Implementation of Differential Cascode Voltage Switch with Pass-Gate (DCVSPG) Logic for High-Performance Digital Systems" IEEE journal of solid-state circuits, vol. 32, no. 4, abril de 1997, pp. 563-573.
- P. K. Lala e A. Walker, "A Fine Grain Configurable Logic Block for Self-checking FPGAs", VLSI Design 2001, Vol. 12, No. 4, pp. 527-536.
- Jan M. Rabaey, Digital Integrated Circuits; a design prospective, Upper Saddle River: Prentice-Hall, 1996.
- Ila Gupta, Neha Arora, Prof. B. P. Singh, "Simulation and Analysis of 2:1 Multiplexer Circuits at 90nm Technology" in International Journal of Modern Engineering Research, Vol.1, Issue.2, pp-642-647, ISSN: 2249-6645, 2011.
- Ila Gupta, Neha Arora, Prof. B. P. Singh, "Analysis of Several 2:1 Multiplexer Circuits at 90nm and 45nm Technologies" International Journal of Scientific and Research Publications, Vol.2, Issue.2, February 2012, ISSN: 2250-3153.
- Ila Gupta, Neha Arora, Prof. B. P. Singh, "Design and Analysis of 2:1 Multiplexer for High Performance Digital Systems" International Journal on Electronics & Communication Technology (IJECT) Vol.3, Issue1, Jan-março 2012, pp-183-186, ISSN: 2230-7109 (Online)

ISSN: 2230-9543 (Print).
- M. Schlag, E. J. Yoffa, P. S. Hauge e C. K. Wong, "A Method for Improving Cascode-Switch Macro Wirability", IEEE Trans. on CAD, vol.CAD-4, 150-5, 1985.
- T. C. Lo, "Regular Layout FET Carry Look-Ahead Circuit", IBM Technical Disclosure Bulletin, vol. 26, 6202-8, 1984.
- T. C. Lo, "LSSD Implemented with DCVS Logic," IBM Technical Disclosure Bulletin, vol.26, 580510, 1984.
- V. De, et al, "Techniques for leakage power reduction", em Design of High-Performance Microprocessor Circuits, ed. A. Chandrakasan, W. J. Bowhill e F. Fox, Imprensa do IEEE Piscataway NJ, pp. 46-62, 2000. A. Chandrakasan, W. J. Bowhill e F. Fox, IEEE Press, Piscataway NJ, pp. 46-62, 2000.
- Y. Ye, S. Borkar e V. De, "New Technique for standby leakage reduction in high-performance circuits," IEEE Symposium on VLSI Circuits, pp. 40-41, 1998.

Printed by Books on Demand GmbH, Norderstedt / Germany